見る、育てる、味わう
五感で楽しむ蓮図鑑

Lotus picture book to enjoy with the five senses

高畑公紀
KIMINORI TAKAHATA

淡交社

はじめに

　清らかな花を咲かせてくれる蓮。地上部は綺麗な花を、地下部はレンコンを私たちに与えてくれます。夏の暑い真っ青な空に花開く蓮は、なんとも清々しく、清楚に私たちに微笑(ほほえ)みかけてくれます。蓮の花を見るだけで私たちはリラックス出来ます。

　さらにレンコンは美白や花粉症、アトピー性皮膚炎などに効果があることが分かってきました。蓮の花を見てリラックス出来るだけでなく、食べることによっても私たちを綺麗にしてくれます。

　従来では蓮を育てようとすると、池などのある程度まとまった敷地が必要でしたが、近年、蓮の品種改良が進み、バケツや大きめの丼茶碗でも育てることが出来る品種が作られています。マン

ションにお住まいのご家庭でも蓮を楽しめるようになってきました。

　そして、蓮は前述のように花を楽しむだけでなく、食べることも出来ますし、仏教とも密接に関わっており、大きな文化を形成しています。この本では蓮の育て方から食べ方、瞑想(めいそう)の仕方、そして仏教文化に至るまで、蓮を丸ごと楽しむ体験図鑑になっています。

　仕事や子育てに疲れているあなた、蓮の力で身も心もゆったり、綺麗になりませんか？　まずは蓮で作られた蓮茶を飲んで一服、リラックスしてページをめくりましょう。

目　次　CONTENTS

見て綺麗になる
〈蓮の品種図鑑〉————————————— 15

紅小町〈べにこまち〉18 ／白雪姫〈しらゆきひめ〉20

小三色蓮〈しょうさんしきれん〉22 ／小金鳳蓮〈しょうきんぽうれん　こきんぽうれん〉24

祇園〈ぎおん〉26 ／羊城碗蓮〈ようじょうわんれん〉28 ／春不老〈はるふろう〉30

紹興紅蓮〈しょうこうこうれん〉32 ／艶陽天〈えんようてん〉34

ミセス・スローカム 36 ／喜上眉梢〈きじょうびしょう〉38

小舞妃〈しょうまいひ〉40 ／毎葉蓮〈まいようれん〉42

紅顔滴翠〈こうがんてきすい〉44 ／紫重陽〈しじゅうよう・しちょうよう〉46

八重茶碗蓮〈やえちゃわんれん〉48 ／火炬〈かきょ〉50 ／誠蓮〈まことばす〉52

祝福〈しゅくふく〉54 ／エンジェルウィングス 56

一天四海〈いってんしかい〉58 ／ペリーズ・ジャイアント・サンバースト 60

ひまわり 62 ／白磁〈はくじ〉64 ／廈門碗蓮〈あもいわんれん〉66

生蓮寺華蓮〈しょうれんじかれん〉68 ／紅領巾〈こうりょうきん〉70

友誼牡丹蓮〈ゆうぎぼたんばす〉72 ／春水緑波〈しゅんすいりょくは〉74

白光蓮〈びゃっこうれん〉76 ／桃姫〈ももひめ〉78 ／悟空〈ごくう〉80

大灑錦〈たいさいきん〉82 ／緑風〈りょくふう〉84 ／マムカラ 86

蜀紅蓮〈しょっこうれん〉88 ／生蓮寺蓮〈しょうれんじれん〉90

遠州浜〈えんしゅうはま〉92 ／麗華〈れいか〉94

生蓮寺白彼岸〈しょうれんじしろひがん〉96

Column Lotus ————————————————— 98

蓮と睡蓮の違い

蓮の名前の由来

世界の蓮　アジア系が紅色と白色、アメリカ系が薄い黄色

品種に注意

なぜ蓮の葉は水をはじくのか？

あなただけの品種を作ってみよう！

蓮は全ゲノム配列が解読され、若返り遺伝子が探索されています

蓮の花は４日間の命

育てて綺麗になる ——————— 104

はじめての植え込み

蓮の一年 ——————————————————— 104

種やレンコン苗を手に入れる ———————————— 104

容器について ——————————————————— 105

土について ——————————————————— 106

植込みの実際 （ポット苗、レンコン苗、種から） ——— 108

水について ——————————————————— 111

肥料について ——————————————————— 111

マニア向け（EC、pH について） ——————— 114

日当たりについて ————————————————— 115

病害虫について ————————————————— 115

メダカと一緒に育てる ——————————————— 120

剪定について ——————————————————— 120

レンコンの株分け方法 ——————————————— 122

FAQ よくある質問 ———————————— 124

1 植えた年に花が咲きますか？

2 花が咲かないのですが、なぜでしょうか？

3 複数の品種を寄せ植えしても良いですか？

4 一年でどれくらい成長しますか？

5 8月に種を発芽させても良いですか？

6 どのような容器を使ったら良いですか？

7 浮き葉が赤いのですが、なぜでしょうか？

8 立ち葉が黄色いのですが、なぜでしょうか？

9 なるべく花を長く楽しみたいです

10 冬場はどうしたら良いですか？

食べて綺麗になる —————— 127

蓮のお茶でリラックス

蓮花茶 (*trà hoa sen*)

蓮葉茶 (*trà lá sen*)

蓮芯茶 (*trà tim sen*)

蓮の実を食べてみよう！ ————— 130

はじめに
蓮の実ご飯

蓮の実スイーツ —————————— 132

甘露煮

銀耳蓮子湯（蓮の実と白きくらげのスイーツ）

花蓮のレンコンを食べてみよう！ —— 133

はじめに
レンコンパウダー

レンコン湯

レンコンヨーグルト

ホット＆コールドスムージー

その他

香りで綺麗になる　　　　　　　136

蓮の香りを楽しもう！
蓮の香水でオシャレ

蓮友達を作って、
出かけて綺麗になる —— 137

近くのお寺に蓮のモチーフを探しにいこう！
奈良東大寺の大仏様も蓮の花の上
研究会の紹介
各地の蓮鑑賞地

子供と一緒に遊ぼう —— 142

蓮でシャボン玉
象鼻杯でジュースを飲もう
蓮シャワー

手を使って綺麗になる —— 144

蓮の生け方（萎れない方法）
果托の手芸
蓮の折り紙　青い蓮も自由自在
本物の蓮の花を使って折花

仏教叡智に学んで綺麗になる —— 146

維摩経
蓮の瞑想（阿字観）

あとがき —— 148
参考文献 —— 149

〈付録〉
御朱印帳 —— 150
書込み式オリジナル図鑑 —— 156

装丁・本文デザイン　KOTO DESIGN Inc. 山本剛史

注　意

蕾と開花時期の情報は、その品種を鉢で育てた時、過去 4 年間のデータから算出しています。食用レンコンの情報は、家庭で栽培出来る鉢の大きさ（直径 43cm、35ℓ容器）で育てた時に、食用可能な太さのレンコン（一節が直径 28mm 以上、長さ 70mm 以上）に育つことが出来るかどうかを示しています。食用種の情報も同様に、家庭で栽培出来る鉢の大きさで十分な種（1 シーズンに 10 個以上）が採取出来るかどうかを示しています。大きな鉢で育てた時は、食用レンコン不可あるいは食用種不可に分類されていても、食用に分類出来る程度に収穫出来る場合があります。一方、小さな鉢で育てた時には食用レンコン可、食用種可に分類されていても十分に収穫出来ないことがあります。

見て綺麗になる 〈蓮の品種図鑑〉

あなたのお気に入りの蓮を探そう

　初めて蓮を育てる方から、すでに蓮を育てたことがある人まで、幅広く活用出来る図鑑になっています。あなたのお気に入りの蓮を探して頂きたいと思います。

　蓮は咲き初めと終わりでは、色が大きく変化する品種があります。花容も常に変化します。それにもかかわらず今までの蓮の図鑑は、1カットの写真のみ掲載されていました。この品種図鑑では、1品種に付き複数の写真を掲載することで、それら変化も分かるようにしました。

　品種によっては、太いレンコンが出来なかったり、種が出来ないものもあります。もし、あなたがレンコンも食べたいなら、レンコンが太る品種を選ばないといけませんし、種を取って食べたり、果托の工作をしたい場合は、種が出来る品種を選ぶ必要があります。この蓮図鑑ではそういった育てた後に活用するための情報も記載しました。

　さらに既に蓮栽培を行っている公園や寺院向けに、蓮の開花時期も記載しました。蓮は品種によって早咲きや遅咲きがあります。しかしどの品種が早咲きで、どの品種が遅咲きであるかの図鑑はありませんでした。蓮の開花時期が予想出来ると、人が多く訪れる時期に花が咲く品種を植えることができます。　寺院ではお盆の時期に最も多く人が訪れます。お盆の時期に花のピークを持ってくることも出来ます。そしてお盆の次に多くの人が訪れるお彼岸に花が咲く品種も紹介したいと思います。

　なお、ここで記載する開花時期の情報は、生蓮寺（奈良県五條市）で得た記録です。また水面上に蕾が出て、そして開花し、花が散るまでの間を計測しています。水面上に蕾が出た時点から計測しています。実際に花が咲くのは、その後15日〜20日前後かかることをご了承ください。

　気候によって蓮の開花時期は異なります。読者のお住いの気候と、奈良県五條市の気候の違いを加味して植えて頂きたいと思います。

梅雨に滴る高貴なお妃さま

紅小町 〈べにこまち〉

分　　類：小型一重紅色
蕾と花期：5月19日〜8月4日
食　　用：レンコン×　種×

　何とも神秘的で、気品のある花を咲かせてくれます。
　早咲きの品種で、梅雨の雨に滴る花は、壊れてしまいそうであり、深淵にたたずむ、高貴なお妃さまを連想させてくれます。7月14日を過ぎると急に花芽は上がらなくなります。まさに梅雨の間だけの儚いお妃さまです。開花初日は濃い紅色をしていますが、退色し、花びら先端に濃い紅色が残るようになります。
　杉山元章氏によって「貴婦人」と「美笑蓮」を掛け合わすことで生まれました。レンコンの節間が短く、ダルマのようなレンコンを作る特徴があります。

節間が短く、ダルマのようなレンコン

深淵にたたずむ白雪姫

白雪姫 〈しらゆきひめ〉

分　　類：小型一重白色
蕾と花期：5月19日〜9月18日
食　　用：レンコン×　種○

　深淵にたたずむ白雪姫です。5月下旬の、まだ涼しい時期に咲く蓮は、瑞々しい印象を感じさせてくれます。特に5月中の花茎は短く、立ち葉の下に隠れて、ひっそりと咲いています。

　早咲きの品種でありながら、9月を超えても咲いています。杉山元章氏によって、「厦門碗蓮」(66頁)と「緑風」(84頁)を掛け合わすことで生まれました。なお、お隣の中国にも白色八重の品種で、白雪姫という意味の「白雪公主」という品種がありますが、それとは全くの別品種です。

「白雪姫」は「厦門碗蓮」(左)と「緑風」(右)を掛け合わせることで生まれた。

開花中に色が変化して神秘的

小三色蓮〈しょうさんしきれん〉

分　　類：小型―重黄紅色
蕾と花期：5月22日〜9月6日
食　　用：レンコン×　種×

　優しい桃色が少しずつ変化して白色へと変化する様は、まさに神秘的で、常に優しい姿を私たちに見せてくれます。桃色→淡桃色→白色と開花中に三色に色が変化する品種です。あるいは花の基部の黄色、中程の黄白色、花先端部の桃紅色の三色が名前の由来となっています。
　「小舞妃」(40頁)の実から生じた品種です。通常、一重（花びらの数が25枚未満）ですが、時に花びらの数が増えて、半八重（花びらの数が25枚〜49枚）の花をつけることもあります。

親品種の「小舞妃」（左右とも）

ダンスが得意な蓮

小金鳳蓮 〈しょうきんぽうれん　こきんぽうれん〉

分　　類：中型一重黄白色
蕾と花期：5月22日〜9月6日
食　　用：レンコン×　種×

　花びらの先がごくわずかに桃色になり、ダンスを踊っているような花姿になります。ダンスを踊っているような花姿になるのは、「アメリカ黄蓮」(特にミシシッピー型)の血が混じっているからです。ミシシッピー型は花が閉じる際、花びらが日光に向かう屈光性があります。開花3日目には、花びらの先の桃色は退色します。
　「金鳳展翅」が親品種です。レンコンはあまり採れません。

親品種の「金鳳展翅」

24

子猫がじゃれて遊んでいるようだ

祇園〈ぎおん〉

分　　類：小型八重淡桃色
蕾と花期：5月23日〜9月24日
食　　用：レンコン×　種×

5　　6　　7　　8　　9　　10

　次から次へと蕾が上がってきて、何とも子だくさんな蓮です。しかも、小さな、とっても愛らしい花を咲かせてくれます。愛らしい花が一気に咲く様子は、たくさんの子猫がじゃれて遊んでいるようです。
　大変花上がり良く、長期間にわたり花を咲かせてくれるため、初心者にお薦めの品種です。内径26cmの容器で一時に17本もの花芽が出てきたこともあります。丼茶碗でも花を咲かすことが出来ます。花の色は退色により淡桃色から真っ白まで変化します。杉山元章氏によって「厦門碗蓮」(あもいわんれん)(66頁)と「珊瑚」(さんご)を掛け合わせることで作出された品種です。

「厦門碗蓮」(左)と「珊瑚」(右)から「祇園」が生まれた。

26

蓮なのに菊の御紋

羊城碗蓮 〈ようじょうわんれん〉

分　　類：中型八重紅色
蕾と花期：5月25日〜9月9日
食　　用：レンコン◯　種◯

　細かな花びらが特徴的で、菊の御紋のような印象を与えてくれます。しかしながら「羊城」とは中国広東省広州のことで、この蓮は広州市の伝統品種になっています。
　インターネット上には白色に近い桃色の蓮に「羊城碗蓮」という名前がついているのが確認出来ます。栽培環境により、色が変化しているのか、あるいは全くの別品種であるのかは確認していません。

1マスは1㎝、最も太い場所は32.7㎜

28

艶やかに蓮シーズンの到来を飾ってくれる

春不老 〈はるふろう〉

分　　類：中型八重紅色
蕾と花期：5月25日〜8月30日
食　　用：レンコン○　種○

　とても艶やかで色気のある蓮です。豊満で、艶やかで、色気があり、うっとりと見とれてしまいます。
　開花1日目は紅色ですが、退色しやすく、それ以降は淡い桃色から白色へと変化します。早咲き品種で、蓮シーズンの到来を艶やかに飾ってくれる品種です。中国武漢市東湖風景区において「東湖春暁(とうこしゅんぎょう)」より1982年（昭和57）に育成された自然交配種です。

親品種の「東湖春暁」

淡い桃色が何ともいえない

紹興紅蓮 〈しょうこうこうれん〉

分　　類：大型一重桃色
蕾と花期：5月25日～9月4日
食　　用：レンコン〇　種〇

　何ともいえない淡い桃色をしています。消えてしまいそうな淡い桃色は、桜のソメイヨシノを思い出します。そして本当にその淡い桃色は消えてしまい、花は夏の空に白く輝きます。
　「紹興紅蓮」と名前がついているのに「紅蓮」ではなく、淡い桃色をした花を咲かせます。しかも退色し、開花3日目には花びらの先がわずかに桃色を残す他は、白色になります。
　5月25日前後から蕾が上がってきて、8月20日までコンスタントに花を楽しむことが出来ます。8月20日以降、急激に花上がりは悪くなります。9月1日以降も花が咲く確率はありますが、かなり低い確率です。種がたくさん採れます。

32

妖艶に光る太陽

艶陽天 〈えんようてん〉

分　　類：中型一重紅色
蕾と花期：5月29日～9月12日
食　　用：レンコン〇　種×

　妖しくも艶やかに花開きます。ひときわ濃い紅色は、太陽のような眩しささえ覚えます。「艶陽天」はまさに妖艶に光る太陽です。それもそのはず、中国では一番紅色が濃いとされ、開花後の退色もほとんどありません。
　長期間にわたり、コンスタントに花が咲く品種です。コンスタントに花が上がってくるので、寺院や公園管理者にお薦めの品種です。花びらは幅広で、手触りはやや硬いです。「東湖春暁（とうこしゅんぎょう）」から作出された天然三倍体品種のため、種は出来ません。花が終わった後に、種らしきものが出来ますが、中は空っぽで、発芽はしません。そのため、種を食べることは出来ないので、ご注意を。

親品種の「東湖春暁」

34

花も凄いが、脱いだらもっと凄い

ミセス・スローカム

分　　類：大型八重黄紅色
蕾と花期：5月30日〜7月28日
食　　用：レンコン○　種○

　グラマラスな花を咲かせます。あまりにもグラマー過ぎて、時に、垂れてしまうこともあります。そして花も凄いが、下のレンコンもナイスバディです。とても太いレンコンで、花蓮では一番の太さです。花びらは、開花1日目は淡い紅色ですが、徐々に紅色が抜け、3日目には淡黄色の蓮になります。

　アメリカのペリー・D・スローカム氏によって1964年（昭和39）に作られました。「アメリカ黄蓮」と「ローズ・プレナ（紅色八重種）」の交配により育成されました。品種名のミセス（夫人）は、スローカム氏の奥さんのことです。つまり、愛する奥さんのためにスローカム氏が作った蓮なのです。

　大型品種なのでなるべく大きな容器で育てると、花上がりが良いです。また種もたくさんつけるので、種を食べるにはお薦めの品種です。早咲きの品種で、8月以降は花が咲きません。

元気いっぱいの笑顔

喜上眉梢〈きじょうびしょう〉

分　　類：小型一重紅色
蕾と花期：5月30日～9月8日
食　　用：レンコン×　種○

　幸せいっぱいに、私たちに微笑みかけてくれます。何の疑いもなく、元気いっぱいに微笑(ほほえ)む花容はとても愛らしく、かわいいです。品種名の「喜上眉梢」とは、中国語で「非常に幸せ」という意味です。
　花上がりも大変良く、初心者にお薦めの品種です。花のサイズは6～10cmと小型です。花色は花びら基部から先端にかけて徐々に濃くなっていきます。中国武漢市東湖風景区で実生より1982年（昭和57）に選抜されました。

38

瓜二つの他人がいる

小舞妃 〈しょうまいひ〉

分　　類	中型—重黄紅色
蕾と花期	6月4日～9月13日
食　　用	レンコン×　種○

　夏の青空に舞うように花を咲かせてくれます。太陽に向かって花びらがねじれる屈光性がみられます。開花当初は全体的に桃色ですが、退色して花びらの基部は淡黄、中部は白、先端は桃色になります。

　「アメリカ黄蓮」の実から育成されたものです。花容が「舞妃蓮」に似ていることから「小舞妃」と名付けられました。ただし、「舞妃蓮」とは直接的な血縁関係はありません。大変花上がりが良い品種です。小さなレンコンしか採れず、レンコンを食べるには不向きです。

「舞妃蓮」

「小舞妃」のレンコン
(左右とも)。左はわずか
17.8mmの太さ

40

仏さまの手のようだ

毎葉蓮 〈まいようれん〉

分　　類：中型一重紅色
蕾と花期：6月4日～9月5日
食　　用：レンコン×　種×

　花びらの反り返りが、私たちを優しく包んでくれる繊細な仏様の手に見えます。花に光が差し込んだ時は、花が光輝き、まさに仏様です。
　花上がりの良い蓮の代名詞として知られています。品種名の「毎葉蓮」は、立ち葉が出る毎に花芽が上がることに由来しています。実際には立ち葉が出るたびに花芽は上がりませんが、それほどたくさん上がるという意味です。花びらが少し反り返り、ガク片が最後まで残ります。茎の下部、果托、葉裏が赤い

という特徴があります。7月中旬以降は葉の縁が枯れやすいです。1年間の成長では思ったほどレンコンは採れません。

「毎葉蓮」の果托は赤い。
左：「毎葉蓮」、右「小金鳳蓮」

「毎葉蓮」の立ち葉の裏は赤い。左：「毎葉蓮」、右「小金鳳蓮」

極楽の世界が眼下に広がる

紅顔滴翠 〈こうがんてきすい〉

| 分　　類：小型八重紅色
| 蕾と花期：6月4日〜9月5日
| 食　　用：レンコン×　種×

　仏様になるとはこのことであろうか？　眼下に極楽浄土が広がっています。緑色の葉々の中に紅色や桃色のかわいい蓮が顔を出しています。

　背丈の低い八重、紅色の蓮です。背丈が低いので、上から眺めての鑑賞となります。開花3日目は内側の花びらは白色になり、外側の花びらは桃色に変化します。種は変形した形の種が出来ることが多く、種を食べるには不向きな品種です。具体的には雌しべが花びら化し、その先端は緑色と紅色になることが多いです。レンコンにも特徴があり、この「紅顔滴翠」のレンコンは一節が短いです。

　中国・武漢にて1989年（平成元）に「小麗（しょうれい）」を親として生まれました。第4回国際蓮展示会で行われた新品種コンテストで準優勝に輝きました。

上：「紅顔滴翠」　下：「艶陽天」
「紅顔滴翠」のレンコンは小さく一節が短い。

幻の青色の蓮を彷彿する

紫重陽 〈しじゅうよう・しちょうよう〉

分　　類：中型八重紅色
蕾と花期：6月4日〜9月12日
食　　用：レンコン○　種×

　一瞬目を疑います。紫色のような濃い紅色をした蓮です。花びらの多さがさらにその印象を際立たせます。

　いまのところ、紫や青色の蓮は見つかっていません。仏教経典上には、青色の蓮が描かれていますが、青色の熱帯睡蓮だと言われています。蓮には青色色素のデルフィニジンが含まれていますが、青色以外の色素も含まれているために、青色には見えません。もし青色色素のデルフィニジン100%の蓮が見つかれば、仏教経典上の青い蓮は幻ではなく、現実となります。

　艶陽天と同じように花後は、種らしきものが出来ますが、中身は空で、種は食べられません。レンコンは何とか食べられる程度に太ります。レンコンの特徴として新芽が垂直に立ちます。

はちきれんばかりの蕾に目がくぎづけ

八重茶碗蓮 〈やえちゃわんれん〉

分　　類：小型八重紅色
蕾と花期：6月4日～9月14日
食　　用：レンコン〇　種×

　はち切れんばかりの蕾からどのような花が咲くのか興味津々になります。「八重茶碗蓮」は小型品種ですが、大きな容器で育てると、豊満な蕾をつけ、艶やかな花を咲かせてくれます。はち切れんばかりの蕾はエロティックであり、蕾を上から眺めるとぎっしりと花びらが詰まっているのが分かります。
　花上がりも大変良く、丼茶碗でも育てることが出来る、お薦めの品種です。

48

夏の闇夜を勢いよく焦がす松明

火炬 〈かきょ〉

5	6	7	8	9	10

分　　類：小型八重紅色
蕾と花期：6月4日〜9月16日
食　　用：レンコン○　種○

　たくさんの「火炬」の花が夏の夜明けを勢いよく焦がします。夜明けとともにさらに勢いよく松明(たいまつ)が燃え、「火炬」の花が開きはじめます。そして「火炬」の花を目印に虫たちが寄ってきます。

　「火炬」とは中国語で「松明」の意味です。松明のように勢いよくたくさんの花芽が上がってきます。大変育てやすい品種です。丼茶碗でも育てることが出来る品種です。小型品種ですが、大きな容器で育てると太いレンコンが採れます。立ち葉の葉縁が黄色になりやすいです。果托(かたく)は出目金のようです。

立ち葉の葉縁が黄色くなりやすい　　出目金のような果托

仏さまにお供えする蓮

誠蓮 〈まことばす〉

分　　類：中型八重紅色
蕾と花期：6月4日～8月1日
食　　用：レンコン〇　種〇

　豪華絢爛な花姿が、ご先祖様とあなたを癒してくれます。お仏壇の前に「誠蓮」をお飾りすれば、お仏壇が一気に華やかになります。
　福岡県甘木市のレンコン農家である佐藤誠氏が食用の品種「備中(びっちゅう)」の中から選抜した品種です。1931年（昭和6）の夏、佐藤氏が、花びらの数が20枚前後の一重の「備中」の中に、100枚以上の花びらをつけた八重紅色の蓮を蓮田の中に見つけ、自分の名前を冠して「誠蓮」と名付けました。別名「福岡八重蓮」とも呼ばれています。

　佐藤氏は誠蓮を食用ではなく、切り花用と考え、農林水産省に品種登録しました。花蓮では品種登録第1号です（現在では登録が切れています）。お盆用の切り花として福井県南越前町などで広く栽培されています。鉢栽培の花期は意外と短いです。
　もともと食用の蓮から生まれた品種なのでレンコンもしっかりと太ります。直径43cm、35リットル容器で育てると一節が直径35.4mm×長さ133mmのレンコンが採れました。果托(かたく)は出目金のようです。

52

チューリップのような蕾が美しい

祝福〈しゅくふく〉

分　　類：小型八重紅色
蕾と花期：6月4日〜9月17日
食　　用：レンコン×　種×

　蕾の時はチューリップのような美しさで、開花時には艶やかに花開きます。蕾の滑らかな曲線にそっと指を添わせてみたい衝動に駆られます。

　「羊城碗蓮（ようじょうわんれん）」（28頁）から1993年（平成5）に作られた品種です。小型品種で、丼茶碗でも花を咲かすことが出来ますが、大きな容器で栽培すると、大変立派な花が咲きます。立ち葉はボコボコとした皺（しわ）があるのが特徴です。種は出来ますが、少量しか採れません。私のお気に入りの花蓮です。

親品種の「羊城碗蓮」から「祝福」が作出された。

「祝福」の立ち葉は凸凹している。

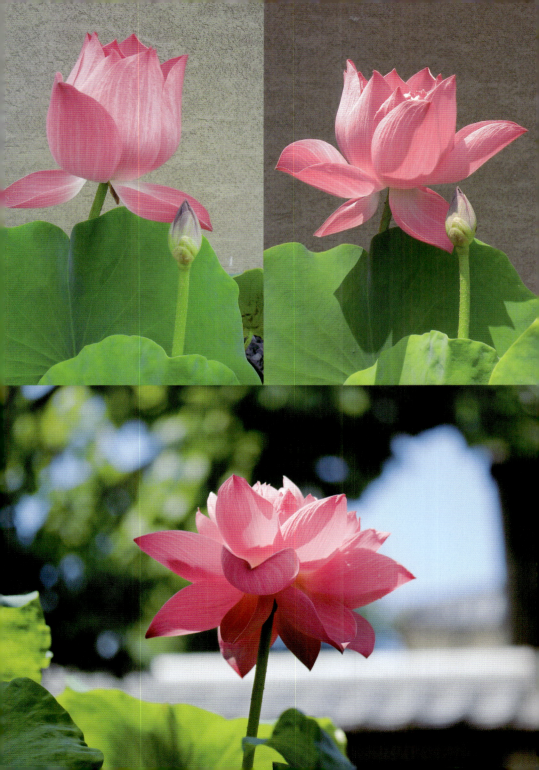

純白の天使が翼を広げる

エンジェルウィングス

分　　類：中型一重白色
蕾と花期：6月4日〜9月5日
食　　用：レンコン◯　種◯

　純白の天使が翼を広げて、あなたに微笑み_{ほほえ}かけてくれます。透き通るような純白が美しい品種です。
　花びらが少し巻き込む特徴があります。種も十分出来ますので、天使さんからのおすそ分けと思って、ありがたく、おいしく頂きましょう。
　「エンジェルウィングス」は「白君子小蓮」と「ピキネンシス・ルブラ（一重紅色種）」の交配により、1984年（昭和59）、ペリー・D・スローカム氏によって作出された品種です。

親品種の「白君子小蓮」

56

斑入りの印象深い花

一天四海 〈いってんしかい〉

| 分　　類：大型一重斑
| 蕾と花期：6月4日～8月14日
| 食　　用：レンコン〇　種×

　斑入りの蓮です。花びらの外縁に紅紫色の紋が不規則に入ります。その端正な姿、模様は非常に深い印象を与えてくれます。唯一の問題は花上がりが非常に悪いことです。その代わり、花が咲いた時は、筆舌しがたい感動を与えてくれます。花上がりが悪いことから、種を食べるには不向きです。

　斑入りの品種としては「一天四海」の他に「不忍池斑蓮」「天竺斑蓮」「湖山池大名蓮」「巨椋斑」などが知られています。それぞれ斑の入り方が異なりますが、最近のDNAの研究により、同一品種であることが分かりました。斑の入り方はDNAの配列が変わることなく、変化を引き起こすエピジェネティクスな機構により引き起こされていると考えられています。

　品種名の「一天四海」は「全世界」を意味しており、出典は『平家物語』です。また、日蓮宗の教えに「一天四海皆帰妙法」があります。「全世界に南無妙法蓮華教を広めてゆきなさい」という意味です。蓮は仏教と関わりが深いことが分かります。

58

黄緑とクリーム色の花姿が印象的

ペリーズ・ジャイアント・サンバースト

分　　類：大型―一重黄白色
蕾と花期：6月4日〜9月6日
食　　用：レンコン◯　種◯

　黄緑とクリーム色の花びらが、凛とたたずむ様子はとても印象的です。しかも、大きな花がひと際目立ちます。さらに、花からとても甘い香りがします。「ペリーズ・ジャイアント・サンバースト」の花の中に緑茶を入れると、とても香り高い蓮花茶を作ることが出来ます（作り方は128頁）。

　大型の品種ですが、直径43cm容器でも十分花が楽しめます。

　1987年（昭和62）にペリー・D・スローカム氏によって、「アルバ・プレナ（白色八重種）」と「アメリカ黄蓮」を掛け合わせることで生まれました。

舞妓さんのようにしとやか

ひまわり

分　　類：小型八重淡桃色
蕾と花期：6月11日〜9月12日
食　　用：レンコン×　種×

　真っ白な美白美人にほんのりと桃色が色づく姿は、舞妓(まいこ)さんにそっくりです。しとやかにたたずんでいます。花だけでなくレンコンも白っぽく透き通っています。

　しとやかにたたずんでいるのに、「ひまわり」という夏らしい名前がついています。筆者は、ナゼ、この品種の名前を「ひまわり」としたのか理解に苦しみます。もしかしたら、植替えの際に取り違えたのではないかと疑っています。中国から来た品種ということで、中国の蓮の図鑑を調べると、「ひまわり」という品種が確かにあるものの、どうも様子が異なります。中国の「ひまわり」は、日本の「ひまわり」より花びらの数が少なく一重で、色ももう少し桃色です。ただ、中国の「ひまわり」もその姿からヒマワリを想像することは出来ません。

62

純白の花びらと優しい黄緑色に癒される

白磁 〈はくじ〉

分　　類：小型一重白色
蕾と花期：6月11日〜9月12日
食　　用：レンコン×　種〇

　小さな白い陶器のような愛らしい花を咲かせてくれます。花中央の花托(かたく)と雌しべが印象的で、黄緑色の花托に雌しべの黄色が何とも言えず、優しい色に癒されます。

　杉山元章氏によって「厦門碗蓮(あもいわんれん)」(66頁)と「漢蓮(かんれん)」を掛け合わせることで誕生しました。名前の通り白い陶器のような美しさです。雄しべが花びら化し、花びらの先端に雄しべが出来たり、緑色になることもあります。レンコンは太らず食用には不向きです。

「厦門碗蓮」(左)と「漢蓮」(右)を掛け合わせて「白磁」が生まれた。

純白の小柄な花がかわいい

厦門碗蓮 〈あもいわんれん〉

| 分　　類：小型一重白色
| 蕾と花期：6月11日～9月26日
| 食　　用：レンコン×　種○

　かわいい純白の小柄な花が咲きます。開花直後は花びらの先端がわずかに赤くなります。7月下旬が最盛期になり、8月末までは十分に花を楽しむことが出来ます。9月以降も花は咲きますが、確率的には低いです。小さな容器でも楽しむことが出来ますが、大きな容器で育てると、より長期間にわたって花を楽しむことが可能です。

透きとおる淡い桃色が美しい

生蓮寺華蓮 〈しょうれんじかれん〉

分　　類：中型一重桃色
蕾と花期：6月11日～10月8日
食　　用：レンコン×　種○

　透き通る淡い桃色が、やさしく微笑んでくれます。花に光が差し込んで、淡く光り輝く様子は、小さなワイングラスにロゼのシャンパンが入っているようです。

　筆者・高畑公紀によって、花上がりが大変良い「祇園」(26頁)と遅咲き品種の「マムカラ」(86頁)を掛け合わせることで2015年(平成27)に生まれました。大変花上がりも良く、お盆頃に花が最も盛んに咲き、寺院にとってうれしい品種です。しかもお彼岸を超えても咲いており、6月から10月までと驚異的に長期間にわたって私たちを楽しませてくれます。食用にはなりませんが、レンコンもある程度太り、寒さに強いです。

父親に「祇園」(左)、母親に「マムカラ」(右)を掛け合わせて「生蓮寺華蓮」が生まれた。

赤いスカーフをまとった貴婦人

紅領巾 〈こうりょうきん〉

分　　類：中型一重紅色
蕾と花期：6月11日〜8月22日
食　　用：レンコン×　種×

　赤いスカーフをまとって、颯爽と歩く貴婦人をイメージさせてくれます。「紅領巾」は中国語で「赤いスカーフ」という意味です。その名前の通り、花びらは細身でスカーフをイメージさせてくれます。英語名はそのまま「レッドスカーフ」です。
　「小舞妃」(40頁) の自然交配種であるため、「アメリカ黄蓮（ミシシッピー型）」の血が混ざっています。そのため、花びらが太陽に向かう光屈性があり、不規則に花びらが閉じます。
　「小舞妃」同様、レンコンは小振りなためレンコンを食べたい人には不向きです。種も極わずかしか出来ません。

親品種の「小舞妃」

70

牡丹のように豪華

友誼牡丹蓮 〈ゆうぎぼたんばす〉

分　　類：中型八重黄白色
蕾と花期：6月11日〜8月10日
食　　用：レンコン○　種×

　牡丹のように豪華で美しい姿をしています。細かな花びらに光が射し込むと、花びらが透き通り、向こう側が見えそうです。「ミセス・スローカム」(36頁)の自家交配から選抜された品種です。中国科学院武漢植物研究所の黄国振氏がアメリカで育成しました。
　「友誼」とは「友情」という意味です。中国とアメリカの友情の証です。「中日友誼蓮(ちゅうにちゆうぎれん)」という品種もありますが、こちらは紅色をしています。「中日友誼蓮」は日本から送られた「大賀蓮(おおがはす)」の実と中国古代蓮を交配した品種で、日本と中国の友情の証です。

親品種の「ミセス・スローカム」

純白のスペードが輝く

春水緑波 〈しゅんすいりょくは〉

| 分　　類：小型一重白色
| 蕾と花期：6月12日～9月10日
| 食　　用：レンコン×　種○

　純白のスペードのような形をした花びらが、まるで印籠のように輝いています。花びらは幅広く、先端は尖っているのが特徴です。花びらは白色ですが、基部は黄緑色です。6月下旬から急に花芽が上がってきます。花の大きさは10～15cmです。
　似たような名前の「春水碧波」という品種もあり、こちらは白色八重となっているのでご注意を。

夏の空に白く輝く

白光蓮 〈びゃっこうれん〉

| 分　　類：中型一重白色
| 蕾と花期：6月12日～9月6日
| 食　　用：レンコン〇　種〇

　清純な姿で夏の空に白く輝きます。小笠原亮氏によって1968年（昭和43）、「金輪蓮」と「白君子小蓮」とを掛け合わせることで誕生しました。「白君子小蓮」の特徴である花びらの反りが、「白光蓮」にも引き継がれています。

　「金輪蓮」に比べれば、若干、レンコンは細いですが、食べるには十分な太さになります。

「金輪蓮」（左）と「白君子小蓮」（右）を掛け合わせることで「白光蓮」が生まれた。

お姫様のような蓮

桃姫 〈ももひめ〉

分　　類：中型一重桃色
蕾と花期：6月12日〜10月11日
食　　用：レンコン×　種○

桃色のお姫様のような花姿が愛らしいです。優しく見守ってあげたい気分にさせられます。

　桃姫は、著者・高畑公紀によって遅咲き品種である「生蓮寺白彼岸」(96頁) を父親に、小型品種である「喜上眉梢」(38頁) を母親として掛け合わせることで、2015年（平成27）に生まれました。「生蓮寺白彼岸」はレンコンが太ることなく、寒さに弱いですが、この品種はある程度レンコンが太るために「生蓮寺白彼岸」より寒さに強いです。お盆やお彼岸に花が咲いているので、寺院には最適の品種です。

「桃姫」は父親に「生蓮寺白彼岸」(左)、母親に「喜上眉梢」(右) として生まれた。

お釈迦様の手の上の孫悟空

悟空 〈ごくう〉

分　　類：小型一重紅色
蕾と花期：6月12日～8月28日
食　　用：レンコン× 種〇

　孫悟空が筋斗雲に乗って世界の端までひとっ飛び、世界の端と思いきや、まだお釈迦様の手の上だった――。『西遊記』の一節です。お釈迦様の手の上にも、そして私たちの手の上にも乗ることが出来る蓮です。都会のマンションでも簡単に育てることが出来ます。
　「根本毎葉茶碗蓮」の実から金子明雄氏によって育成されました。「お釈迦様の手の内」をイメージして「悟空」と命名されました。鉢の大きさによりますが、花びら数は15～20枚、花径は12～14cm、花茎の高さは20～30cmほどです。

ダイナマイトな斑(まだら)

大灑錦 〈たいさいきん〉

分　　類：中型八重斑
蕾と花期：6月14日～9月12日
食　　用：レンコン◯　種✕

　ボリューム満点の重量感のある花を咲かせます。しかも、白と紫紅の斑模様は圧倒的な存在感です。
　別名「玉蝶虎口(ぎょくちょうここう)」ともいいます。「大灑錦」の他に斑入りの品種として「一天四海」(58頁)があります。「大灑錦」と「一天四海」では同じ斑入りですが、3つの点で異なっています。1点目は、「一天四海」は一重ですが「大灑錦」は八重の品種です。2点目は、イメージも大きく異なり、「一天四海」は端正な容姿を見せてくれますが、「大灑錦」はダイナマイトなイメージです。3点目は、開花期は「一天四海」に比べると「大灑錦」は長く、花上がりも良いです。
　ボリューム満点の花を咲かせますが、下のレンコンも大変太っています。直径40.2㎜を超えるレンコンが採れました。

レンコンも重量感がある。

82

透き通った豊満なおっぱい

緑風 〈りょくふう〉

分　　類：小型八重白色
蕾と花期：6月16日〜10月12日
食　　用：レンコン○　種○

　豊満で透き通ったおっぱいのような花を咲かせてくれます。真っ青な空と蓮の葉の深い緑、そして透き通るような純白の花は何とも印象的です。

　小型品種ですが、大きな容器で育てると、豊満な花をつけてくれます。しかも10月まで咲いてくれます。夏の暑さもひと段落して、清々しい秋の朝に「緑風」を眺めるのもいいものです。

　杉山元章氏によって「姫万里(ひめまり)」と「漢蓮(かんれん)」を掛け合わせることで生まれました。

「姫万里」(左)と「漢蓮」(右)から「緑風」が生まれた。

蓮界の革命児

マムカラ

分　　類：中型一重紅色
蕾と花期：6月19日〜10月26日
食　　用：レンコン×　種×

　日本の蓮愛好家の常識を打ち破った、蓮界の革命児。秋になって他の蓮が枯れているのに、悠々と紅色に咲き誇っています。

　千島秀元氏によってオーストラリアのマムカラ湿原から日本にやってきました。千島氏によると現地では3月から11月まで、8カ月間も花が咲いているといいます。日本では気候や地理的要因で、蕾と花期は6月19日〜10月26日です。オーストラリアほど、長期間花は咲き続けませんが、それでも大変長期間花を咲かせます。

　遅咲きという特徴以外に、レンコンが太らなく、寒さに弱いという特徴があります。生蓮寺（奈良県五條市）では、冬場はビニールで覆って簡易的な保温をして冬を過ごしています。特に植替えが難しく、桜の時期に植替えを行うと、寒さのため枯れてしまいます。暖かくなったゴールデンウィーク以降に植替えすることで、植替え時のリスクを低減できます。

仏さまの腰掛

蜀紅蓮 〈しょっこうれん〉

分　　類：中型一重紅色
蕾と花期：6月19日～8月16日
食　　用：レンコン○　種○

　仏様が座る腰掛である蓮台を彷彿させてくれます。赤い腰掛は仏様をひときわ際立たせてくれます。

　昔から日本にある品種の中では、一番紅色が濃いものです。花びらは硬く、崩れないので、古くはこの花びらで酒を酌み交わし、長寿を祝福したとされています。果托、茎の下部、葉（新葉）が赤いのが特徴です。また、花びらに縦に線が入る条線は鮮明です。レンコンの黒点が濃いのも特徴です。

　古くから日本にある品種であるため、江戸期の蓮図鑑『白川侯蓮譜』などに紹介されています。「蜀江蓮」とも記します。

上：「大灑錦」のレンコン
下：「蜀紅蓮」のレンコン
「蜀紅蓮」はレンコン表面にある黒点が濃い。

左：「金輪蓮」右：「蜀紅蓮」
「蜀紅蓮」は果托が赤い。

光り輝く瞬間がある

生蓮寺蓮〈しょうれんじれん〉

分　　類：中型一重紅色
蕾と花期：6月21日〜10月16日
食　　用：レンコン×　種○

　透き通った花びらが優しく光り輝き、その優しさに包み込まれそうになります。花に太陽が射し込む瞬間に、ぜひ見て頂きたい蓮です。

　筆者・高畑公紀により、父親に「八重茶碗蓮」(48頁)、母親に遅咲き品種の「生蓮寺白彼岸」(96頁)を掛け合わせることによって2015年（平成27）に生まれました。花上りが良い品種です。「生蓮寺華蓮」(68頁)と同じようにお盆に最盛期を迎えるため、寺院にとってうれしい品種です。しかもお彼岸を過ぎても咲いており、6月から10月までと驚異的に長期間にわたって私たちを楽しませてくれます。レンコンもある程度まで太り、寒さにも強いです。

父親が「八重茶碗蓮」（左）、母親が「生蓮寺白彼岸」（右）として「生蓮寺蓮」が生まれた。

長身のモデルのような蓮

遠州浜 〈えんしゅうはま〉

分　　類：中型一重黄白色
蕾と花期：6月21日〜9月4日
食　　用：レンコン○　種○

　すっと伸びる花芽は、気品にあふれています。スマートという言葉はまさにこのことです。花は立ち葉より上に出るので、立ち葉で花が覆われて見えないということがありません。

　全体は黄白色で中心の小さな花びらには緑色がかかることがあります。レンコンもクリーム色の美しい肌をしています。

　冨永整氏によって父親に「武漢黄蓮(ぶかんおうれん)」、母親に「大灑錦(たいさいきん)」(82頁)として生まれました。

「武漢黄蓮」(左)を父親に、「大灑錦」(右)を母親にして「遠州浜」が生まれた。

92

天真爛漫に咲き誇る

麗華 〈れいか〉

分　　類：大型八重紅色
蕾と花期：6月21日～8月26日
食　　用：レンコン×　種×

　天真爛漫に咲き誇ります。何物にもとらわれず、純粋であり、なおかつ鮮やかに花開いてくれます。真っ青な空に「麗華」が花開けば、まさに夏本番です。
　冨永整氏によって2001年（平成13）に生まれた「月桂冠（げっけいかん）」自然交配種です。花はオレンジがかった濃い紅色をしており、ひときわ目立ちます。立ち葉と果托（かたく）は黄色みを帯びています。レンコンはまっすぐに伸びずに、曲がりくねるという特徴的なレンコンです。真っ直ぐで天真爛漫な花姿に比べて、レンコンは性格がひねくれているようです。

母親の「月桂冠」　　　　　　曲がりくねったレンコン

94

心配になるぐらい浮き葉が出てこない

生蓮寺白彼岸 〈しょうれんじしろひがん〉

分　　類：中型一重白色
蕾と花期：7月5日〜10月26日
食　　用：レンコン×　種〇

　花びらがよれっとして、白い美しい初老のおばあさんを想像させてくれます。
　お彼岸以降も咲く品種であることから「生蓮寺白彼岸」と名付けられました。来歴は不明です。いつの間にか生蓮寺の蓮コレクションに紛れ込んでおり、今となっては生蓮寺の母神様になっています。「マムカラ」（86頁）同様、遅咲き品種です。
　レンコンは大変細く、寒さに弱いです。生蓮寺のある奈良県五條市の気候においては、冬場に保温する必要はありませんが、植替えには注意が必要です。桜の時期に植替えを行うと枯れてしまう確率が非常に高いです。ゴールデンウィーク以降に植替えを行うと、成功する確率が格段に上がります。また植え付け後もなかなか浮き葉が出てこず、とても心配になりますが、決して掘り起こしたりせず、我慢してください。

蓮根は太らず大変細い
1マスは1cm

蓮のことをもっと知ろう！

蓮と睡蓮の違い

　蓮も睡蓮も水の中で育ち、とても綺麗な花を咲かせてくれます。しかし植物学的には、蓮と睡蓮は全く別物の植物です。ただし仏教経典の中では、蓮も睡蓮も同一の植物として扱われています。名前も似ており、生育環境も似ている為、混乱が生じています。蓮と睡蓮の違いを表にまとめました。

	蓮（ハス）	睡蓮（スイレン）
花の咲く場所	空中	水面上、あるいは熱帯睡蓮は水面から15cm程度の空中
花の色	紅色、白色、薄い黄色	紅色、白色、黄色、青色、紫色
種	食べられる	食べられない
葉の場所	生育初期　水面上 生育中期以降　空中	水面上
葉の状態	撥水性あり、切れ込みなし、光沢なし	撥水性なし、切れ込みあり、光沢あり
根（地下茎）	レンコンが出来、食べられる	ワサビ状の塊根　食べられない

蓮と睡蓮の大きな違いで特筆すべきところは、食べられるかどうかです。花を楽しみ、しかも最後は食べたい方は蓮を育てましょう。

蓮

睡蓮

Column Lotus

蓮の名前の由来

　蓮の花が散った後に出来る果托(かたく)が蜂の巣に似ていることから、〈蜂巣(はちす)〉が変化して、〈はす〉になったと言われています。日本最古の歴史書である『古事記』には、ハチスの記述があります。また化石から、少なくとも恐竜が闊歩していた1億4千万年前から蓮は地球上で咲いていたことがわかっています。

花が咲いた後の果托が蜂の巣に似ていることからハチス→ハスになったとされる。

世界の蓮　アジア系が紅色と白色　アメリカは薄い黄色

　蓮はアジア系とアメリカ系の2種に分けることが出来ます。アジア系の蓮は紅色と白色、アメリカ系は薄い黄色の花を咲かせます。それぞれに微妙に違いがあります。アジア系はすっきりとした香りが花からします。一方、アメリカ系はアジア系に比べて甘みが強い傾向があります。葉の色や形もわずかに違いがあります。よく観察して違いを見てみましょう。アメリカ系の蓮もレンコンや種を食べることが出来ます。

　アジア系の蓮は学名を "Nelumbo nucifera" と呼んでいます。一方、アメリカ系の蓮の学名は "Nelumbo lutea" と呼んでいます。以前は "Nelumbo pentapetala" とも表記されていたこともありましたが、現在では "Nelumbo lutea" に統一されています。

アメリカ・アラバマ州　ブレイクリー川にて（2016年7月31日）

品種に注意

　蓮には非常に多くの品種が存在しています。その数1000種とも2000種とも言われています。なぜ、こんなにも多くの品種があるのでしょうか？　それは新しい品種が簡単に作れるからです（あなただけの蓮の作り方は102ページに詳しく紹介しています）。

　蓮はレンコンと種の2種類の方法で増えることが出来ます。レンコンから育てると親と全く同じ遺伝子を持っており、花の色や形など、親と全く同じ姿で育ちます。

　一方、種から育てるとどうなるのでしょうか。種が出来るということは、お父さんとお母さんがいます。お父さんである花粉と、お母さんである雌しべが出会って、種が生まれます。

　私たち人間で考えてみましょう。自分の子供はある部分はお父さんに似て、ある部分はお母さんに似ています。最近、私にも子供が出来ましたが、目は私に似ていますが、肌の様子は嫁に似ています。子供は父親とも母親とも似ているけれども同一ではありません。で

Column Lotus

すから名前も新しく付けます。蓮でも種から育てた場合は、父親品種と母親品種に似ているけれども、同一ではありません。すべて新しい品種になります。

　時々、品種名が書かれた蓮の種が売られていることがあります。母親は確かにその品種なのでしょう。しかし父親は虫が花粉を運んでくるので、不明です。母親が白色の蓮でも、種から育てたその子供は紅色かもしれません。品種名が書かれた種が売られていたとしても、あくまで母親がその品種であるだけで、これから育てようとする蓮は全く異なる花が咲くことがあるので注意が必要です。

なぜ蓮の葉は水をはじくのか？

　蓮の葉の上に水滴が落ちると、水玉になり、コロコロ転がる様子は見ているだけで楽しくなります。蓮の葉には水をはじく撥水性があります。撥水性が引き起こされる理由は、蓮の葉の表面の構造が原因です。蓮の葉の表面を電子顕微鏡で観察すると $10\mu m$（1mmの100分の1）程度の突起が多数あります。この突起のために蓮の葉に水滴が落ちると水玉になります。これをロータス効果（ロータスは蓮の英語名）と呼んでいます。

　ロータス効果は様々なところで応用されています。例えばしゃもじです。最近凸凹したしゃもじが売られていますが、このしゃもじにはご飯がこびり付きません。それはしゃもじに目で確認できる凸凹があり、さらにその凹凸の表面には、目では確認できない微細な突起が多数あるために、ご飯がこびり付かないのです。

101

あなただけの品種を作ってみよう！

　蓮は簡単に交配出来ることから、あなただけの品種を作ることが出来ます。まずはどのような性質の蓮を作りたいのかを決めます。筆者は9月以降も花を咲かせる遅咲き品種でありながら、小型の蓮を目指しています。遅咲き品種と小型品種を掛け合わせることで、先述のオリジナル蓮が作出する可能性があります。

　母親、父親とも開花前の蕾に不織布タイプの排水ネットを被せて、昆虫が勝手に受粉しないようにします。開花1日目に母親の花を指で開き、自分の花粉で受粉をしないように雄しべを全て取り除きます。父親の花は特に何もしません。開花2日目に父親の雄しべを取り、その雄しべ（花粉）を母親の雌しべの上に載せて交配します。最後に交配した花に排水ネットを被せ、排水ネットには両親の名前を書いておきます。約1カ月後には種が出来ています。

①母親、父親共に開花前の蕾に排水ネットを被せて、昆虫が勝手に受粉しないようにする。

②母親：自分の花粉で受粉しないように雄しべをあらかじめ取っておく。

Column Lotus

③父親の雄しべ(花粉)を母親の雌しべに乗せて、受粉させる。
この後、再度排水ネットを被せて、1ヵ月待つ。

蓮は全ゲノム配列が解読され、若返り遺伝子が探索されています

　蓮には強い生命力があり、蓮の種は2000年間も生き続けることが出来ます。蓮のその強い生命力から、若返りの秘密を探ろうと、蓮の遺伝情報が記されている全ゲノム配列が2013年に解読されています。近い将来若返り遺伝子が見つかるかもしれません。

蓮の花は4日間のはかない命

　蓮の花は4日間のはかない命です。期間中、早朝から花が開き、昼前には閉じてしまいます。
　1日目は早朝からわずかに花が開くだけで、昼前には閉じてしまいます。2日目も早朝から花が開き、最も美しい姿となります。花の香りも最も強いです。昼前に花は閉じてしまいます。開花3日目も早朝から花が開きます。受粉した雌しべが茶色に変色します。昼前には花が閉じてしまいます。4日目も早朝から花が開くのですが、再度花は閉じることなく、散ってしまいます。
　蓮の花は午前中、特に開花2日目が見頃です。なお八重の品種や気温が低ければ、午後でも花が開いていることがあります。
　〈ポン〉と音が鳴って、蓮の花が開く。巷でよく耳にします。少なくとも私は、花が開く音を聞いたことがありません。代わりにカエルが飛び込む音は、聞いたことがあります。

開花4日目の散りゆく蓮
「小金鳳蓮」

103

育てて綺麗になる

はじめての植込み

池がないと蓮を育てられないとあきらめていませんか？　そんなことはありません。水を貯めることが出来る容器と日光があれば、一般の家庭でも育てることが出来ます。マンションのベランダでも育てることが可能です。蓮を育てて、夏に美しい花を楽しみましょう。そして花の後には、美味しい種とレンコンを食べて、手芸が好きな方は、蓮の飾り細工も作って、蓮を丸ごと楽しみましょう！

蓮の一年

育てる前に、蓮の一年を知っておきましょう。桜が咲き始める4月初旬、泥の中に埋まっているレンコンが活動を始めます。休眠していたレンコンが気温の上昇と共に、目を覚まします。まず水面に浮き葉が出てきます。水面に浮かぶ丸い浮き葉に、生命の息吹を感じます。しばらくすると水面は浮き葉でいっぱいになります。

ゴールデンウィークを過ぎた頃から立ち葉が伸びてきます。そし

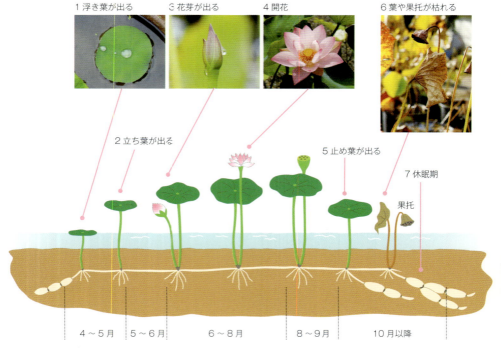

て6月頃、ローソクのような形をした花芽が水中から出てきます。花芽が水面上に顔を出してから、15日〜20日で開花します。もうすぐ花が咲くと思うとワクワクします。一つの蓮の花の開花期間は4日間ですが、夏の間、次々に花芽が上がってきて、蓮の花を楽しめます。

9月になり、気温が下がるにつれて、蓮の成長が止まります。一方、泥の中では、先端の地下茎が肥大し、レンコンとなっていきます。立ち葉も黄色みを帯びてきます。11月には地上部は完全に枯れてしまいます。土の中ではしっかりと太ったレンコンが出来ていて、春が来るのをじっと待っています。

種やレンコン苗を手に入れる

一般的な花屋さんやホームセンターでは、蓮の種は販売していません。各地の蓮公園で譲ってもらうか、ネット通販で購入できます。あるいは生蓮寺でも種をお配りしています。ただし条件があり、もし花が咲いて種が出来たら、その種を生蓮寺に里帰りして頂いています。

ポット苗・レンコン苗もネット通販で手に入れることが出来ます。人気のある品種は、売り切れになることもあるので、早めに予約することをお勧めします。

生蓮寺ホームページからお申し込み

www.ozizou.jp

郵便でも受け付けています（電話はご遠慮ください）。

〒637-0071 奈良県五條市二見7丁目4−7　生蓮寺　「ハスの種」係まで

（お名前、電話番号、郵便番号、住所を明記のこと）

容器について

　陶器、プラスチック等、水を貯めることが出来る円形のなるべく大きい容器を用意します。小型品種であれば直径30cm以上、大型品種では直径43cm以上は欲しいです。大きな容器であればあるほど、花が咲く確率が上がります。大きく分けて陶器かプラスチック製の容器を選ぶことになります。それぞれメリットとデメリットがあります。

　土を入れるスペースと水を貯めるスペースがいるため、ある程度の深さも必要です（20cmの深さは欲しい）。特に水のスペースは重要で、植え付け時は、十分なスペースがあったとしても、レンコンが成長すると土が盛り上がり、水のスペースが無くなってきます。レンコンの成長も考慮に入れて、水のスペースを確保しなければいけません。

　梅雨明けまでは、あまり水を遣らずに済みますが、梅雨明け以降、急激に蓮が成長し、葉からの蒸散作用で、すぐに貯めていた水が消費されます。十分な貯水スペースがないと毎日水を遣らないといけないことになり、旅行にも行けません。

陶器

プラスチック

バケツでもOK

	メリット	デメリット
陶器	見た目がかっこいい	容器が重く植替えの時辛い、価格が高い
プラスチック	容器が軽いので植替え作業がしやすい、価格が安い	見た目が陶器に比べてイマイチ

※大きなバケツやごみ箱、漬物容器でも可。大きければ円形でなくても可、
　ただし発泡スチロールは不可

土について

　肥沃な粘土質の田んぼの土が最適です。都会で田んぼの土が手に入らない場合は、ホームセンターで赤玉土あるいは荒木田土を購入します。肥料分を吸着させ、土壌状態の改善のため、完熟の腐葉土、あるいは完熟牛糞堆肥を用います。

　赤玉土4に対して腐葉土を1の割合で混ぜ合わせたものを用土として用います。

　先述の比率で用意した赤玉土、腐葉土、肥料をバットに広げて、水を入れ、しっかりと混ぜ合わせます。手で赤玉土を押しつぶして、なるべく粒を無くすようにします。

直径30cm、10ℓ容器の場合

育てて綺麗になる

植込みの実際

蓮は3種類の方法（ポット苗、レンコン苗、種）から育てることができます。それぞれの植え方を紹介します。

ポット苗から育てる場合

大概の場合、購入したポット苗のままでも花を咲かすことが出来ますが、よりたくさん花を咲かせたい場合や、見た目を気にされる場合は、購入したポットより大きな容器を用意します。ポットからそっと苗を抜き出し、土ごと大きめの容器の中央に置き、周りの隙間を土で埋めます。肥料は周辺部に埋め込みます。

ポット苗

ポット苗より大きい容器を用意する

苗を中央に置き、周りを土で埋めていく

完全に周囲を土で満たし、肥料と水を入れて完成

レンコン苗から育てる場合

用土の項（107頁）で作成した用土を、容器の4分の1ほど入れ、レンコン苗を土の上に置きます。さらに容器の半分まで土を被せます。水を勢いよく施すとレンコンが浮いてくるので、優しく水を満たして完成です。水を張る水深は 10cm 〜 20cm（浅く水を張ると早く成長し、深く水を張ると遅く成長する）です。成長した長い芽（将来浮き葉）は土から出ていても構わないです。また植えこむ際に長い芽を折ってしまうかもしれませんが、成長に問題はありません。

土を容器の4分の1入れる

レンコン苗を土の上に置く、このとき新芽が容器に沿うようにレンコン苗を置く

レンコン苗の上に土を被せ、容器の半分まで土を入れる

そっと水を入れて完成
水が蒸発して少なくなれば、減った分を注ぎ足す。決して水を涸らしてはいけません。

種から育てる場合

　蓮はレンコン苗から殖やすことが多いですが、種からも育てることが出来ます。4月中旬以降に種を発芽させます。発芽には15℃以上の水温が必要です。蓮の種はそのまま水につけても発芽はしません。紙やすりで種に傷つけることで初めて発芽します。

　種から育てた場合もその年に花が咲きますが、確実ではありません。場合により次の年に花が咲くことになります。また親とは異なる花の色や姿になる可能性があります。どのような花が咲くか楽しみにして育てましょう。確実に親と同じ花色、花容、植えた年に花を咲かせたい場合は、種からではなく、レンコン苗から育てます。

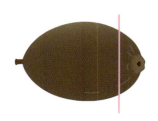

1　蓮の種の凹んでいる側を、紙やすりでキズをつけます
　（#60などの目が粗い紙やすりがおススメ）。

2 コップなどの容器に水道水を入れて（水深15cm）、傷つけた種を入れます。
3 日光の当たるところに置いておくと4日から2週間で発芽します（水が茶色になっても問題ありません）。

種の表面にカビが生えたり、水が濁ってくれば、水の入換えとカビを拭き取ります。水の入換えの時に、新芽を傷つけてしまい、失敗する方が多いので、慎重に水の入換えをします。

種の周りの白いモヤモヤがカビ。

種の周りにカビが生えてきたらティッシュで拭き取る。

浮き葉が2枚以上展開してきたら、土に植込みます。土に植込むまで肥料は必要ありません（種に蓄えられている養分で成長します）。

土への植込み（種から育てた場合）

　種から蓮を育てる時の最大の関門が、土への植込みです。一旦コップやペットボトルで発芽させた種を、土へ植込む際に失敗する確率が高いです。植込み時の失敗を回避する方法として、土に植込むのではなく、水でひたひたにした土の上（水深3cm）に、発芽した種を安置する方法があります。根が自然と土に入り込むまで、水深を上げずに、そっと待つという方法です。

水深を3cmにして発芽した種を安置する。根が自然と土の中に潜るのを数週間じっと待つ。

　数週間後、しっかりと根が土に潜り込んだ後に水深を上げます（10cm～20cm）。

　ここでの注意点は、水深が浅いので、水が無くなって、蓮が干からびてしまうことです。蓮が干からびないように、随時、水を足します。

水について

　蓮は水切れにめっぽう弱いので、常に水を貯めておく必要があります。水は蒸発した分を追加で足します。梅雨明けまでは水の減りは遅いですが、梅雨明け以降、蓮は急激に成長し、葉からの蒸散作用で一気に水が無くなります。最盛期には1日で水が無くなります。必ず減少した分の水を足してください。水切れした瞬間に蓮は枯れてしまいます。冬場も常に水を貯めておきましょう。

肥料について

　肥料は大変奥が深いです。筆者が蓮を育てている生蓮寺でも毎年、肥料の種類とやり方を改良しています。改良するごとに、花が多く咲き、葉がいつまでも青々としています。ここでは基本的な方針とホームセンターやネット通販で手に入れやすい肥料での肥料のやり

育てて綺麗になる

方を紹介します。そして慣れてきたら基本方針に従って、自分流の肥料のやり方を考案してください。

　蓮の肥料のコツは端的に表現すると、〈はじめちょろちょろ　中ぱっぱ　赤子泣いても蓋取るな〉です。昔から言われている、かまどでのご飯の炊き方と同じです。

　蓮は肥料食いの植物です。生育期間中、たくさんの肥料を必要とします。肥料をたくさん与えると生育が旺盛になり、確かにたくさんの花を咲かせてくれます。一度たくさん花を咲かせてくれると、欲が出てきます。来年はもっとたくさんの肥料を与えて、もっとたくさんの花を咲かせよう。誰しもそう思います。そして蓮を育てている人なら一度は経験することがあります。肥料を入れ過ぎて、枯らしてしまうのです。欲を出し過ぎると蓮は枯れてしまいます。かくいう私も欲を出し過ぎて、枯らしてしまった経験があります。

　それでは、〈はじめちょろちょろ　中ぱっぱ　赤子泣いても蓋取るな〉を説明したいと思います。まずレンコン苗植込み時です。〈はじめちょろちょろ〉ということで、肥料はあまり必要ありません。ここで欲を出して肥料をたくさん入れると枯れてしまいます。そもそもレンコンに養分がたくさん蓄えられています。植込み時は、最低限の肥料を与えます。ゆっくりと溶出する緩効性のマグァンプK（小粒肥効2か月）やIB化成がお薦めです。

植込み時の肥料

直径30cm　10ℓ容器　3.5g（ペットボトルの蓋に半分）
直径43cm　35ℓ容器　14g（ペットボトルの蓋に2杯）

マグァンプK　小粒　（チッソ6－リン酸40－カリ6－マグネシウム15）
IB化成　（チッソ6－リン酸20－カリ3－マグネシウム5）

　5月中旬から気温の上昇と共に蓮は旺盛に成長を始めます。立ち

葉が出てきたら、肥料の与え方は〈中ぱっぱ〉の時期に入ります。即効性の化成肥料を2週間に一度与えます。以降、9月中旬頃まで決して肥料は切らせてはいけません。常に適切な濃度の肥料を維持するように努めます。肥料切れを防ぐことで、いつまでも葉は青々く、花をたくさん咲かせてくれます。肥料の与え方は水面上にまんべんなく肥料を撒きます。

追肥（5月中旬～9月中旬　水面上にまんべんなく撒く）
直径30cm　10ℓ容器　3.5g（ペットボトルの蓋に半分）
直径43cm　35ℓ容器　14g　（ペットボトルの蓋に2杯）

　5月中旬以降（立ち葉が出てきたら）即効性化成肥料（チッソ8－リン酸8－カリ8）を追肥する。

　追肥に即効性化成肥料（チッソ8－リン酸8－カリ8）だけを用いていると水が酸性化して、根に障害が出てきます。一方、元肥に使用したマグアンプKだけを追肥に用いていると葉が黄色みを帯びてきます。根の障害防止と、葉の青々さを保つために即効性化成肥料とマグアンプKを交互に用います。
　9月中旬まで〈中ぱっぱ〉が続きます。この間に肥料切れを起こさせないことが重要です。その後は＜赤子泣いても蓋とるな＞となり、9月中旬に肥料を与えた後は、肥料は与えず、そのまま次の春まで放置となります。
　なお、どの段階でもイワシや煮干し、油粕などの有機肥料は用いません。有機肥料は腐敗して、レンコンを腐らせてしまうことがあります。
　肥料をやりすぎた場合は、水が緑色に濁り、アオコが発生します（次ページ写真）。この場合、容器の水をいったん捨てて、新しい水に換えてやることにより、肥料の濃度を下げることが出来ます。

肥料をやり過ぎて水の色が濃い緑色になっている。この場合一旦容器の水を捨てて、新しい水を入れることで肥料の濃度を下げることが出来る。

マニア向け
（初めての人はここまでする必要はありません）

ECメーター、pHメーター について

　水質を客観的に知りたい方は、ECメーター、pHメーターで栽培水を測定することが出来ます。肥料の濃度も数値として分かります。どちらもネット通販等で安価なものだと1,500円程度で購入できます。

EC（電気伝導率）について

　EC（電気伝導率）は栽培水中に存在している肥料分の含有傾向を数値で表したものです。電気は、純水の中では伝わりませんが、肥料分などの塩類が溶けた水の中では伝わります。電気の伝わり方は、肥料分などの塩類の濃度に比例します。特にEC値と硝酸態窒素含有量とは比例関係が強く、窒素肥料成分含有量を推定するのによく使われます。

　蓮栽培のEC値は250〜800μS/cmの間に来るようにします。実際にはECが250μS/cm以下になったり、800μS/cmを超えたからと言って直ちに枯れることはありません。この基準値より数値が低い場合は肥料を投入し、基準値より数値が高い場合は水の入換えをして調整します。冬場はEC値が250μS/cm以下になっても全く問題ありませんが、800μS/cmを超えているとレンコンが腐ります。

　計測器の単位に注意します。1 mS/cm（ミリジーメンス）は1000μS/cm（マイクロジーメンス）です。計測器の種類によりppm（パーツ・パー・ミリオン）表記の場合もあります。

pH について

　pH は水溶液が、酸性・アルカリ性の程度を表す単位です。植物の肥料成分吸収に pH は影響を与えます。植物ごとに最適な pH があり、基準値から離れると肥料成分が吸収出来なくなり、生育が衰えます。

　蓮の最適な pH は 6.2 ですが、pH5.5 から pH8.0 の間でも生育はほとんど変化しません。この間に pH が来るように栽培水を調節します。実際には pH が pH4.5 になっても pH9.0 になっても枯れることはなく、生育します。

　pH メーターの感知部は常にその性状が変化し、測定値が変動するために、使用する前には校正作業が必要となります。一度校正作業をすると 1 週間程度は校正せずに使用することが出来ます。校正液もネット通販で購入出来ます。一度校正に用いた校正溶液は使い切りとして、破棄します。

　化成肥料の成分により、栽培水は酸性側に傾いてきます。最適な pH から栽培水がずれている場合は、水を入換えたり（水道水の pH は 7 前後）、苦土石灰を投入します。苦土石灰を投入してもすぐには pH は変動しません。1 週間は様子を見ます。

苦土石灰の投入量（栽培水の酸性化を補正する）

直径 30cm　　10ℓ 容器　　　3g（ペットボトルの蓋に 1/3 杯）
直径 43cm　　35ℓ 容器　　　9g（ペットボトルの蓋に 1 杯）

苦土石灰の投入は 1 シーズン 3 回を限度とします。

日当たりについて

　蓮は元々熱帯性の植物です。その為たくさんの日光を必要とします。終日直射日光が当たる場所で育てます（6 時間以上）。直射日光が当たらない場所で育てると、生育が悪く、花が咲かなかったり、うどんこ病にかかりやすくなります。出来る限り長い時間直射日光が当たる場所で育てます。

病害虫について

病気

　蓮は比較的、病害虫に強い植物です。それでもやはり病気になっ

たり、害虫の被害にあったりします。注意しないといけない病気は2つあります。うどんこ病と腐敗病（写真）です。

うどんこ病はその名前の通り、うどんの粉を振りまいたような白い粉状の斑点が葉に現れます。

うどんこ病
葉にうどんの粉を振りまいたような白い粉状の斑点が現れる。

見た目が悪く、蓮の生育に重大な影響を及ぼします。風通しが悪く、日陰がちになる場所で蓮を生育すると、うどんこ病が発生しやすいです。うどんこ病が発生したら、すぐに発生した葉を剪定することで、被害の拡大を抑えます。

予防策として立ち葉の剪定を行って、風通しを良くし、なるべく直射日光の当たる場所で蓮を生育させます。剪定は剪定の項で詳しく説明しますが、破れた葉や背丈が短い立ち葉を剪定します。

腐敗病はフザリウム菌によって引き起こされます。葉縁が淡褐色になり、次第に中心に向かって枯れます。

腐敗病
葉縁が淡褐色になり、次第に中心に向かって枯れる。

対処方法は植替えです。菌が感染していない先端の地下茎を注意深く掘り起こし、別の容器に移し替えます。

腐敗病が発生した土は熱処理によって無害化することが出来ます。腐敗病の原因菌であるフザリウム菌は40℃、3日間で死滅します。

用土をナイロン袋に入れて、直射日光に当て、フザリウム菌を死滅させます。

害虫

害虫で注意を要するのがアブラムシ、ハゴロモとヨトウムシです（写真）。アブラムシとハゴロモは植物の汁液を吸う吸汁性害虫です。若い芽や大切な花芽に付くことが多く、せっかくの花芽が枯れてしまうので、注意が必要です。特にアブラムシは大量発生しやすく、初期の対応が肝心です。

アブラムシ
大量発生しやすいので、初期の対応が肝心　若い葉の裏についていることが多い。

ハゴロモ
真っ白でとても愛らしく、天使のような姿をしていますが、実際は蓮の汁液を吸い、花芽に付くと、花芽が枯れてしまいます。蓮にとっては地獄の使者です。見た目で判断してはいけません。

ヨトウムシ
蓮の葉を食害する。4〜6月、9〜10月の2回発生しやすい。

ヨトウムシは蓮の葉を食害します。葉が食害されるので、生育及び外観が悪くなります。4月〜6月と9月〜10月の2回発生しやすいです。

アブラムシ、ハゴロモ、あるいはヨトウムシが発生したらベニカXファインスプレーなどの殺虫殺菌剤を用いて駆除します。しかし

葉に薬害が出ることが多く、少しの発生の場合は手で取ることをお勧めします（テデトール）。

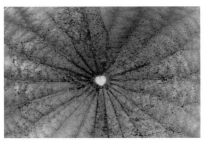

ベニカＸファインスプレーを用いて薬害が出た立ち葉
少量の害虫の発生の場合は、手で取ることをお勧めしますが、大量発生した場合は、薬害が出ることを承知でスプレーします。

　予防的にオルトラン粒剤を栽培水中に添加して、アブラムシやハゴロモ、ヨトウムシの発生を抑えることもできます（オルトラン粒剤では葉に薬害は出ません）。
　オルトラン粒剤などの浸透移行性殺虫剤は、根から薬の成分が吸収され、植物体内に取り込まれて、植物体全体に薬効成分が行き渡ります。害虫が葉を食べたり、汁液を吸うとそこに含まれていた薬効成分が害虫に取り込まれ、害虫を駆除します。
　オルトラン粒剤を添加しても効果が現れるまでに1週間程度掛かります。そのためアブラムシが大量発生してから投入しても、効果が現れるまで時間が掛かるので、オルトラン粒剤は予防的に添加します。オルトラン粒剤は1か月程度効果があるために、アブラムシ被害が出始める5月初旬と6月初旬の2回に添加します。梅雨明け以降はアブラムシの害は少なくなります。

オルトラン粒剤の使用量

直径30cm　10ℓ容器　2.5g（ペットボトルの蓋に1/3杯）
直径43cm　35ℓ容器　7g（ペットボトルの蓋に1杯）

　農薬を使うことに抵抗がある人は、食品から作られた自然派志向の殺菌殺虫剤としてベニカマイルドスプレーがあります。ベニカマイルドスプレーは、食品である還元澱粉糖化物が有効成分の殺菌殺虫剤で、還元澱粉糖化物が、害虫を物理的に被膜して窒息死させます。そのため大変安全性が高いです。しかし害虫にも優しく、あまり効果はありません。

病害虫に対する殺菌殺虫剤の一覧表

商品名	うどんこ病	アブラムシ	ハゴロモ	ヨトウムシ	メダカ	備考
ベニカXファインスプレー	○	○	○	○	有害	アブラムシには効果が1ケ月続く 葉に薬害が現れることが多い
ベニカマイルドスプレー	△	△	×	×	無害	食品である還元澱粉糖化物が有効成分 大変安全 しかし害虫にも優しく効果は期待できない
オルトラン粒剤	×	○	○	○	生存可	効き始めまで1週間程度掛かる 効果が1ケ月続く
テデトール （手で取る）	○	○	○	○	無害	ケムシ類は軍手をして手の保護をする

その他の害虫

　鉢で蓮を栽培する場合は問題になりませんが、田んぼや池での地植えでは、ジャンボタニシ（スクミリンゴガイ）の食害が問題になります。葉柄にジャンボタニシのピンク色の卵が産み付けてあれば、水中に落下させます。ジャンボタニシの卵は空気中でしか孵化出来ないため、水中に落下させることで、孵化を阻止出来ます。

　その他、地植えでは、カメやアメリカザリガニ、コイの食害もあります。特に芽生え時の新芽を食害されると壊滅的な被害が起きます。芽生え時には、カメやアメリカザリガニ、コイの侵入を防ぐために板等で蓮を囲むなどの対策が必要です。

ジャンボタニシの卵

ジャンボタニシによって浮き葉が食害を受けている

メダカと一緒に育てる

　メダカと一緒に蓮を育てることが出来ます。蓮の花を楽しみつつ、水の世界に目を向けると、涼しげにメダカが泳いでいる風景を眺めることが出来ます。

　メダカは丈夫で、暑さに強く、十分に蓮と共に飼育することが出来ます。メダカの生育可能水温は1.5℃〜42℃（最適温度15℃〜29℃）で、夏の高温期でも鉢の中の水温は30℃前半です。さらに、メダカがボウフラを食べてくれるので、ボウフラ対策にもなります。近所からの最近蚊が増えたとの苦情も回避することが出来ます。ボウフラを食べてもらうためにも、餌やりは必要ありません。鉢の大きさにもよりますが、直径43cm容器でしたら5匹で十分です。

　メダカを飼育する場合は、植込み後すぐにメダカを入れるのではなく、植込み後1週間程度経過してから入れるようにしましょう。また水やりの際、勢いよく水を入れると鉢の外に押し流されてしまうので、優しく水やりをするよう心がけましょう。

　春の植替え時には忘れずにメダカを避難させてから、植替えをするようにします。植替え時の避難が意外と難しく、苦労します。メダカを網で掬おうとすると、枯れた蓮の葉柄が邪魔をして、思うようにメダカを確保出来ません。枯れた蓮の葉柄は水面上で切るのではなく、用土と栽培水の境目で切るようにします。そうすることで、網が葉柄に邪魔されることなく、メダカを掬うことが出来ます。

　メダカを飼育する時に気になるのが、アブラムシなどの害虫対策に用いる農薬です。ベニカXファインスプレーはメダカに影響します。絶対に用いてはいけません。一方、通常使用する量のオルトラン粒剤の添加では、メダカは生存可能です。それでも気になる方は害虫を手で取ること（テデトール）をお勧めします。肥料についても通常の使用量では、メダカの生存には影響を及ぼしません。

剪定について

　梅雨明け時、お盆頃の2回剪定をします。剪定をすることにより、見た目がすっきりするだけでなく、いつまでも青々とした蓮の葉を楽しむことが出来ます。また、うどんこ病などの病気予防にもなります。

　破れている立ち葉や、黄色く枯れている立ち葉など、見た目が悪い立ち葉を剪定します。背丈が低く葉柄も細い、大きな葉の下に隠

れている立ち葉も剪定します。大きな葉の下に隠れている小さな立ち葉は、日光を受けることが出来ず、光合成が出来ませんし、風通しが悪くなるので、剪定しても一向に差し支えありません。剪定したとしても、すぐに次の立ち葉が生えてきます。鉢の外に垂れ下がった浮き葉や黄色に変色している浮き葉も剪定します。

　剪定は浮き葉と立ち葉だけではありません。花が終了した花茎も剪定するようにします。種に使う養分を、次の花を咲かせるために剪定します。種を採取する場合は、剪定をしてはいけませんが、種を採取するつもりがない場合や、そもそも種が出来ない品種は、花が終了した花茎も剪定するようにします。花が終了した花茎は先に枯れ、見た目が大変悪くなります。

剪定前

剪定後
スッキリして見た目が良くなった。
花が際立つように剪定するとよりGood！

　剪定は水面より少し低いところで剪定すると、切り口が水の中に隠れ、より見た目が良くなります。剪定により立ち葉の数が半分になっても一向に差し支えはありません。9月中旬以降は、少々みすぼらしい立ち葉があっても剪定しません。9月中旬以降は新しい立ち葉は出てこず、今ある立ち葉で一生懸命に光合成をしてレンコンに養分を貯めています。

　秋になると枯れている蓮も秋風情を楽しませてくれます。枯れた蓮に赤とんぼが羽を休めている風景は何とも言えません。　11月に入ると完全に枯れてしまうので、秋の風情を十分楽しんだ後に綺麗に刈り取ります。

レンコンの株分け方法

　鉢栽培では株分けを毎年、少なくとも２年に一度は行います。株分けをしないと狭い鉢の中で成長が妨げられ、花が咲かなくなってきます。毎年あなたが育てた蓮のレンコンを食べるためにも、株分け作業をしましょう。

　株分けの時期は３月中旬〜４月上旬の桜が咲く時期が最適です。桜が咲く時期にレンコンが活動を始めます。この時期より早くても植替えは可能ですが、寒い時期に植替えをすると辛いです。また生蓮寺では鉢数が多いためゴールデンウィーク明けぐらいまで、植替え作業をしています。ゴールデンウィークになると、かなりレンコンが活動し始め、浮き葉が伸びてきています。この伸びた浮き葉は植替え途中で折れてしまいますが、気にする必要はありません。

鉢の底にはレンコンがびっしり

黒丸：重要　ここを折ってしまうと成長しない
白丸：将来浮葉になる　もし折れたとしても問題ない

122

まずは容器を逆さにして、すべてひっくり返します。鉢の底にはレンコンが幾重にも巻いています。水を掛けて、土をほぐし、レンコンの状態を確認します。レンコンをよく観察すると先端の2〜3節は太っており、それ以降は細いレンコンになっています。細くなった部分で切断します。5本から7本のレンコンが採れます。このうち最も太っているレンコンは食べます。きんぴらレンコンにするなり、天ぷらにするなり、レンコン料理を楽しみましょう。

　あまり太っていないレンコンを植付けに回します。レンコンが太っている方が、植付けには良いように思われますが、レンコンの太さはあまり問題になりません。それより、レンコンの先端や節から出ている新芽が重要です。新芽がたくさんあるレンコンを植付けるようにします。

　株分けしたレンコン苗は水の中に浮かべておけば、1か月程度保存出来ます。水温が高くなってくると腐敗が始まるので、適宜、水を入れ替えるようにします。

FAQ
よくある質問

1 植えた年に花が咲きますか？

レンコン苗から育てた場合は、その年に花を咲かすことが出来ます。種からの場合でもその年の夏に花を咲かせることが出来ます。過去の例では6月下旬に発芽処理をすれば、その年の8月下旬に花が咲いてます。

2 花が咲かないのですが、なぜでしょうか？

蓮に直射日光が当たっていますか？　蓮は日光が大好きです。なるべく長い時間（6時間以上）直射日光が当たる場所に置いてください。

それでも花が咲かない場合は、大型品種を小さな容器で育てていませんか？　容器が大きければ大きいほど花が咲く確率があがります。品種に応じた容器を選びましょう。

さらに、それでも花が咲かない場合は、花上がりが悪い品種を選んでいませんか？　品種によってはなかなか花を咲かせてくれない品種も存在します。例えば古代蓮として有名な「大賀蓮(おおがはす)」は大変花上がりが悪い品種です。

3 複数の品種を寄せ植えしても良いですか？

一つの鉢には一つの品種を植えます。決して複数の品種を一つの鉢に植え付けてはいけません。理由は二つあります。

一つ目は、レンコンになると品種の区別がつかなくなるからです。植え替え時にどのレンコンがどの品種であるか判別がつかなくなります。

二つ目は、勢力の強い品種が生き残り、勢力の弱い品種が淘汰(とうた)されるからです。

4 一年でどれくらい成長しますか？

容器の大きさという制限が無ければ、2〜3節のレンコン1本から7〜8mほど成長します。三角形状に

種レンコン

成長します。一つ一つの節から分岐を繰り返し、7〜8mほど成長し、その先端一つずつにレンコンが形成されます。鉢で育てた場合でも7倍程度のレンコンが収穫できます。

5 8月に種を発芽させても良いですか？

8月に種を発芽させても問題ありません。ただし、その年には花は咲きません。種を発芽させた年は、翌年、立派な花を咲かせるためにレンコンを太らせることに専念します。この場合、レンコンは多く育っていませんので、春に植え替えをする必要はありません。

6 どのような容器を使ったら良いですか？

円形の容器で、水が貯まる、なるべく大きな容器がお薦めです。プラスチック製、陶器製のいずれでも構いません。お好みで選んで良いですが、それぞれ長所と短所を記しておきます。

まず、プラスチック製は価格が安く、軽いのですが、見た目が安っぽいです。反対に陶器製は見た目は格好が良いですが、価格が高く、重たいです。私の蓮仲間には木製の樽を用いている方もいます。

また、円形の容器がお薦めではありますが、長い方の幅が55センチ以上あるならば長方形の容器でも構いません。いずれの容器も、用土と栽培水を容れるスペースを確保するため20cm以上の深さが必要です。

なお、発砲スチロールの容器はお薦め出来ません。レンコンが発泡スチロールの容器を破って、水が溢れ出る場合があるからです。

7 浮き葉が赤いのですが、なぜでしょうか？

蓮に限らず、生育初期の植物の葉は赤っぽくなることが多いです。成長するにしたがって緑色になります。気長に待ちましょう。

8 立ち葉が黄色いのですが、なぜでしょうか？

生育初期から中期に立ち葉が黄色っぽい場合は、肥料の窒素不足が原因です。即効性の化成肥料をあげましょう。肥料をあげてから

125

２週間程度で葉が緑色になります。９月以降、葉が黄色くなるのは自然の摂理です。秋の枯蓮の風情を楽しみましょう。

9 なるべく花を長く楽しみたいです。

　シーズン中なるべく花を長く楽しみたいと思うのは、すべての人々の願いです。花を長く楽しむための育て方のコツが４つあります。

１、花上がりが良く、長期間、花芽が上がってくる品種を植えます。

２、なるべく日光がたくさん当たる場所に植えます。

３、適切なタイミングで適切な量の肥料を与えます。

４、剪定をしっかりします。花が散った後の花茎は切り、破れた立ち葉、古く、黄色に変色した立ち葉、小さな立ち葉を刈り取ります。

　上記の４つのコツを実践すると、お彼岸以降も蓮の花を楽しむことが出来ます。

10 冬場はどうしたらよいですか？

　冬場も水を切らさないように常に鉢に水を張ってください。鉢の水が凍っても問題ありませんが、レンコンが凍ってしまうと問題です。寒い地域ではレンコンが凍らない程度に保温してやる必要があります。ただし保温しすぎて、芽が動き出すのは問題です。

食べて綺麗になる

蓮のお茶でリラックス

蓮茶はベトナムで古くから美容や健康に良いお茶として飲まれています。使用する部位によって3種類の蓮茶に分類できます。

日本語	ベトナム語	内容	味
蓮花茶	trà-hoa-sen	蓮の花の香りを緑茶に移している	飲みやすい
蓮葉茶	trà-là-sen	乾燥させた蓮の葉	販売店により美味しさが大きく異なる
蓮芯茶	trà-tim-sen	乾燥させた蓮の実の芯	大変苦く、癖がある

「trà」がお茶、「sen」は蓮の意味

蓮花茶 (*trà hoa sen*)

緑茶に蓮の香りを移したもので、上品な香りとすっきりとした味わいがあります。蓮の花の雄しべを集めて、緑茶に香りづけをしています。とても華やかで、なおかつ落ち着きのある香りがします。大変リラックス出来ます。薄く入れるのがコツです。濃く入れると苦味が強くなります。なお香料が入っていない蓮花茶はとても高価です。安価な蓮花茶は香料が入っていますが、インターネット通販で簡単に手に入ります（写真）。

蓮花茶
安価な蓮花茶は香料が入っているが、簡単に手に入るので、お試しで飲むのに最適。

あなたの育てた蓮の花で高価な蓮花茶を作ることも出来ます。

開花1日目か2日目の花に緑茶を入れ、蓮の葉でくるみます。一晩掛けて緑茶に香りづけをします（次ページ写真）。

開花1日目か2日目の花の中に緑茶を入れる。ティーバッグがお手軽。

蓮の葉でくるんで香り付けます。

　その他に蓮の花を丸ごと使い、味と香りだけでなく、目も楽しませてくれる飲み方があります。

作り方　1　開花1日前の蓮の花を摘み取る
　　　　　　（開花後だと虫が花の中に入っていることがある）
　　　　2　お湯、あるいはお茶をゆっくり注ぐ
　　　　3　花が開くのを待って飲む

蓮葉茶　(trà lá sen)

　蓮の葉っぱを乾燥させたのが蓮葉茶です。世界三大美女の楊貴妃

も美容のために飲んでいたと言われています。蓮葉茶は緑茶のカフェイン成分が入っていないため、心身をリフレッシュし、睡眠を促す効果があると言われています。剪定を兼ねて、蓮の葉を採取して、蓮葉茶を作られては如何でしょうか？

作り方　1　立ち葉を採取し、水洗いする。
　　　　2　1cm四方程度に切り、蒸す。
　　　　3　乾燥させる。
　　　　4　軽く炒る

　あなたが作った蓮葉茶（一握り）を沸騰したお湯（2ℓ）に入れて、5分ほど煮出した後、取り出します。初めは薄い緑色をしていますが、すぐに鮮やかな赤茶色になります。

　ご自分で蓮葉茶を作れない方は購入することも出来ます。いくつかの販売店から蓮葉茶が販売されていますが、販売店により味が大きく異なります。大変おいしく頂ける蓮葉茶から非常に癖のある蓮葉茶まであるので注意が必要です。

蓮芯茶　(trà tim sen)

　蓮の実の芯を乾燥させたのが蓮芯茶です。蓮芯茶も不眠症に良いと言われています。黄緑色のとても鮮やかなお茶で、美味しそうに見えますが騙されてはいけません。味はとても苦く、非常に癖のある味がします。トラウマになるぐらい不味いです。お茶を楽しむというより、不眠症の薬として我慢して飲むに値するお茶です。

食べて綺麗になる

蓮の実を食べてみよう！

はじめに

　蓮の実は食べることが出来、滋養強壮の漢方薬としても用いられています。中国などでは餡(あん)にして月餅(げっぺい)などのお菓子にされ食べられています。蓮の実の味や食感は栗に似ています。若い蓮の実は、生のまま食べることも出来、ほのかな甘さが癖になります。ご飯と一緒に蓮の実ご飯、スイーツとして甘露煮など、大変おいしく頂くことが出来ます。

　なお「艶陽天」などの3倍体の蓮は実が出来ません。八重の品種も種が出来づらいです。蓮の実を食べたい時は、実がなる品種を植えます。

果托から蓮の実を取り出す。

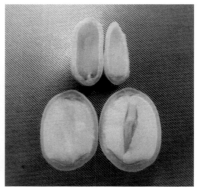
上：成長が止まった蓮の実
下：おいしく頂ける蓮の実

1. 果托から蓮の実を取り出す。
   中にはきちんと受精しておらず、成長が止まった実があります。この成長が止まった実は中身が無く、食べることは出来ません。また、黒くなった蓮の実は、成熟が進みすぎて食べることは出来ません。

2. 鬼皮を剥きます。
   若い蓮の実は、手で鬼皮を剥くことが出来ますが、成熟が進んだ蓮の実は、手で鬼皮を剥くことが出来ません。その場合、軽く塩ゆですると剥くことが出来ます（1～2分程度）。

3. 好みにより、薄皮を剥き、中の芽を取り出します。中の芽は苦い味がします。若い蓮の実の芽は、それほど苦くありませんが、

部分的に鬼皮を剥いたところ。

爪楊枝で突き刺すと芽が取れる。

　成長するにしたがって苦くなります。中の芽は、爪楊枝などで蓮の実を突き刺すと簡単に取ることが出来ます。

　皮を剥いた蓮の実はそのまま食べても良いですし、ご飯と一緒に蓮の実ご飯やスイーツとして甘露煮などにして食べます。
　乾燥蓮の実も売られています。十分な量の実が手に入らなかった場合は、中国食材店かネット通販で乾燥蓮の実を手に入れることが出来ます。乾燥蓮の実を使う時は、しっかりと戻してやる必要があります。

蓮の実ご飯　栗ご飯のような味です。

乾燥蓮の実
中国食材店やネット通販で手に入れることが出来る。

1　皮を剥いた蓮の実をご飯と一緒に炊きます。
2　軽く塩を振って食べます。

食べて綺麗になる

131

蓮の実スイーツ

蓮の甘露煮

準備

蓮の実　50粒	砂糖　80g
みりん　大さじ1	塩　少々
水　200cc	

1　鍋に水と砂糖を入れ、火にかけて砂糖を溶かす。
2　蓮の実を入れ、20分煮る。
3　みりん、塩を加えてさらに10分煮る。
4　数日寝かせるとより美味しくなります。

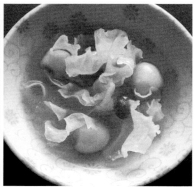

蓮の甘露煮　　　　　　　　　　　　　　　銀耳蓮子湯

銀耳蓮子湯 （インアルリエンツータン　蓮の実と白きくらげのスイーツ）

準備

蓮の実　15粒　　乾燥白きくらげ　10g
クコの実　10粒　　砂糖　80g　　水　400cc（戻す分は除く）

1　白きくらげ、クコの実を洗い、各々ぬるま湯で1時間戻す。
2　白きくらげは石づき（黄色いところ）を取り除き、一口大にちぎる。
3　白きくらげ、蓮の実、砂糖、水を入れて20分煮る。
4　温かいうちに戻したクコの実を入れて、一晩おく。

　好みでレモンやショウガを入れても美味しいです。当日も食べられますが、一晩あるいは二晩おく方が、より味がしみて美味しいです。温かいままでも、冷やしても美味しく頂けます。

花蓮のレンコンを食べてみよう！
（美白、花粉症、アトピー性皮膚炎に有効）

はじめに

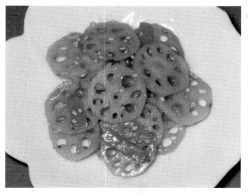

育てた蓮で作った
きんぴらレンコン

　蓮は中国では単なる食品に留まらず、漢方薬として珍重されています。蓮のすべての部分に漢方名がついており、薬食として用いられています。

　レンコンはビタミンCが豊富（レモンと同程度）で、ネバネバ成分で鼻や口、胃腸の粘膜を強化するムチンや、抗炎症作用のあるタンニンが多く含まれています。これらの成分によりレンコンを食べると、美白や花粉症、アトピー性皮膚炎に効果があることが分かっています（埼玉医科大学　和合治久教授）。

　レンコンを食べる場合は、なるべく大きな鉢で、大型品種を育てます。小型品種の場合は、レンコンが太らない品種が多く、適していません。

　11月にもなると、鉢をひっくり返すとレンコンが鉢の底に出来ています。レンコンをよく観察すると、先端から2～3節目まではしっかりと太ったレンコンです。食用になるのはこのしっかりと太った部分です。

　そしてここからがポイントです。食べる大きさにレンコンをカットし、**冷凍**します。**冷凍**することで、筋っぽさがなくなり、花蓮のレンコンを美味しく頂けます。

　きんぴらレンコン、レンコン餅、レンコンの天ぷら、いずれも美味しく頂けます。詳しい料理方法は、料理本に譲りたいと思います。ここではレンコンパウダーについて詳しく紹介したいと思います。

レンコンパウダー

　レンコンを気軽に摂取する方法として、レンコンパウダーがあります。レンコンを乾燥させて、パウダー状にしたもので、ほとんど味がしません。強いて言うなら、きな粉のような味です。ですから、おかずにレンコンパウダーを振りかけたり、牛乳や味噌汁に混ぜて飲んだりして、簡単にレンコンを摂ることが出来ます。ここでは、自分で栽培したレンコンを用いた、レンコンパウダーの作り方を紹介します。

　レンコンを掘り起こした後、しっかりと水洗いします。水洗いしてもあまりにも皮が汚れている場合は軽く皮を削ぎますが、比較的綺麗であれば皮付きのまま、2〜3mm程度に輪切りにします。輪切りしたレンコンを2〜3日天日干しします。天日干し後、ミルでパウダーにし、完成です。

天日干し後の乾燥レンコン

ミルで挽いてパウダーにした

レンコン湯

　レンコンパウダー小さじ一杯分をコップ入れて70℃以下のお湯を注ぎます。ほのかに甘い味がします。筆者の生後8か月の赤ちゃんはレンコン湯を好んで飲みます。レンコン湯のほのかな甘さが、おっぱいの甘さと同じようです。赤ちゃんにあげる場合は、レンコン湯の上澄み液を哺乳瓶に入れて飲ませます。大人は好みに応じて、生姜や砂糖を入れても美味しく飲めます。

レンコンヨーグルト

　ヨーグルトにレンコンパウダーを小さじ一杯分を振りかけて食べます。レンコンと乳酸菌（ヨーグルトなど）を組み合わせると、花粉症、アトピー性皮膚炎、便秘がレンコン単体で食べるより、改善するこ

とが分かっています（埼玉医科大学　和合治久教授）。

ホット&コールドスムージー

材料
ニンジン・リンゴ　各50ｇ　　トマト　30ｇ
熱湯　100cc　　水　50cc
レンコンパウダー　少々

各々、材料を入れ、
ミキサーにかける

　好みでレモンやバルサミコ酢、ヨーグルトを入れても美味しいです。コールドスムージーにする場合は熱湯の代わりに氷を入れます。

その他

　味噌汁やサラダ、納豆、牛乳に混ぜて食べます。また、離乳食のトロミ付けにも利用出来ます。片栗粉や葛粉のように、あらかじめ水溶きする必要がなく、粉を入れてかき混ぜると適度なトロミが付きます。離乳食一回量につき、小さじ半分から一杯程度を使用します。出来上がりがやや黒っぽくなるので、色がついても良いメニューに向いています。

香りで綺麗になる

蓮の香りを楽しもう！

蓮の花には香りがあります。すっきりとした良い香りです。私にはミントのような香りに感じます。人によってはショウガや、ある子供はコショウの香りに感じるようです。ミントやショウガにしろ、コショウにしろ共通して〈スッキリ〉感があるのは間違いないようです。

品種によっても、また花の開花時期によっても香りの感じ方は異なります。日本を含むアジア系の蓮の香りは、スッキリ感が強いです。一方、アメリカ系の蓮の香りはアジア系より甘さが強い傾向があります。開花時期によっても香りの強さは異なり、開花後2日目が最も強い香りがします。開花後4日目は香りが飛び、ほとんど香りはしません。

蓮の香りは花びらからではなく、雄しべから出ています。この香りは受粉のため、虫を集めるのに利用されていると考えられています。蓮の葉にも、わずかに香りがあります。〈西湖紅蓮〉は葉の香気が際立った品種として有名です。

蓮の香水でオシャレ

蓮の香りの香水も販売されています。東京大学と資生堂が共同で〈蓮香〉という名の蓮の香水を開発し、販売しています。生命の神秘を感じさせる清らかな香気を織り込んだ瑞々しく優しい香りがします。なお蓮の英語名ロータスとして販売されている香水の多くは蓮ではなく、睡蓮であることが多いです。

蓮の香水　蓮の香水をつけて
オシャレをして出かけよう

蓮香オードパルファム
お問い合わせ：東京大学コミュニケーションセンター
Tel. 03-5841-1039
https://utcc.u-tokyo.ac.jp

蓮友達を作って、出かけて綺麗になる

近くのお寺に蓮のモチーフを探しに行こう！

　蓮とお寺は切っても切り離すことは出来ません。お寺の至る所に蓮のモチーフが用いられています。もし訪れたお寺に一つも蓮のモチーフが無ければ、もはやそれはお寺ではありません。それほど蓮とお寺は強く結びついているのです。気分転換がてら近所のお寺に遊びに行って、蓮のモチーフを探してみましょう。

　近くのお寺代表として生蓮寺を例に挙げてみます。
　まずはお地蔵様の手前には金色の蓮が飾られています。これは説明が要らないでしょう。お地蔵様のために枯れることなく、光り輝く蓮が飾られています。

　次にお地蔵様が持っている如意宝殊（にょいほうじゅ）です。蓮の蕾の形を彷彿させます。また生蓮寺のお地蔵様が持つ如意宝殊は下部に蓮の花びらが装飾されています。如意宝珠とは〈意のままに願いをかなえる宝〉という意味で、仏や仏の教えの象徴です。お地蔵様や如意輪観音様、虚空蔵菩薩様などが手に持っています。
　お坊さんが座る場所を礼盤（らいはん）と呼びますが、その脇にある机の上を

137

見ると、蓮の花が三つもあります。左から柄香炉、塗香器、洒水器です。どれも蓮の花に見立てられています。

　柄香炉は持ち運べるように柄のついた香炉で、この中で焼香を焚きます。蓮の花もすっきりとした良い香りがします。蓮の花に見立てられた柄香炉から焼香の良い香りが漂ってきます。塗香器の中には、粉末状になった香木が入っており、儀式の前に粉末状の香木を指でつまんで、身体を清めるために使用します。洒水器の中には清らかな香水が入っており、儀式を行う際に道場や法具などに香水をかけ、煩悩や穢れを清めます。

　お寺の本堂には他にも蓮の花のモチーフがふんだんに用いられています。お近くのお寺で蓮のモチーフ探しをしてみましょう。気分転換になりますよ。

奈良・東大寺の大仏様も蓮の花の上

　次に日本のお寺代表として東大寺の大仏様に登場して頂きましょう。大仏様の台座には上下28枚、合計56枚の蓮弁（蓮の花びら）が取り付けられています。つまり大仏様は蓮の花の上に座られているのです。蓮弁の一部は創建当時の奈良時代のものが残っており、何世代にもわたる修理の跡が生々しく残っています。しかもその蓮弁には華厳経の教えに基づく宗教的世界観を絵で表現した蓮華蔵世界が彫り込まれています。

この蓮弁は三段に分けることが出来ます（模式図）。一番上の段には説法をするお釈迦様が大きく描かれ、その周りには左右に11体ずつ、計22体の菩薩様がその説法を聴聞する図が描かれています。中段は26本の水平線が引かれ25段の層に分けられ、菩薩様の頭部や宮殿などが描かれています。そして下段には7つの花びらの蓮の花が描かれています。

　大仏様は蓮の花の上に座っておられ、そしてその蓮の花の中にもさらに蓮が描かれています。まさに蓮の神秘的な美しさの中に大仏様は神々しく光輝いているのです。

　なお東大寺大仏殿ではこの蓮弁のレプリカがまじかに見ることが出来ますし、蓮弁以外にもたくさん蓮はあります。東大寺には何個蓮があるのか数えてみるのも面白いです。

東大寺の大仏（盧舎那仏坐像）

蓮弁拡大写真　蓮華蔵世界が彫り込まれている。

蓮弁模式図　上段　中段　下段
大仏蓮弁図模写：奈良国立博物館蔵

研究会の紹介

京都花蓮研究会　http://www.ihasu.net/
蓮文化研究会　http://www.lotusjp.com/
どちらの研究会も全国に会員がいます。

蓮友達を作って、出かけて綺麗になる

各地の蓮鑑賞地

　育てるのはやっぱり難しいけれど、蓮の綺麗な花を愛でたい、あるいは様々な品種を鑑賞したい方のために、蓮を楽しめる寺院や植物園、公園などを紹介します。ここで紹介する以外にも多数の蓮鑑賞地があるので、近場の施設に足を運んでみましょう。生蓮寺のホームページ（http://www.ozizou.jp）に詳細な蓮栽培施設が掲載されていますので参考にしてください。

弘前城 〈青森県弘前市〉	本丸から蓮池と岩木山が眺められ、優美な姿を堪能出来る
千秋公園 〈秋田県秋田市〉	市街地と城跡の境界に蓮が群生　都会と自然が調和している
伊豆沼 〈宮城県栗原市・登米市〉	国際的に重要な湿地を保全する「ラムサール条約」に登録されている
大山上池 〈山形県鶴岡市〉	ラムサール条約登録地　9月初旬でも花を楽しめる
花の郷夢工房 〈福島県伊達郡〉	蓮街道づくりによる町おこしを行っている
古河公方公園 〈茨城県古河市〉	文化景観の保護と管理に関するメリナ・メルクーリ国際賞を受賞している
つつじ公園 城沼 〈群馬県館林市〉	日本で一番暑い館林　遊覧船から愛でる蓮
古代蓮の里 〈埼玉県行田市〉	行田市の天然記念物に指定されている行田蓮を中心に植えられている
千葉公園 〈千葉県千葉市〉	大賀蓮の資料を展示した資料館やガイドツアーあり
上野不忍池 〈東京都台東区〉	江戸時代には浮世絵にも描かれたほど、昔から蓮の名所
三溪園 〈神奈川県横浜市〉	三溪園のシンボル三重塔と蓮が一緒に楽しめるスポットの特別開放日あり
高田公園 〈新潟県上越市〉	天上を歩く、東洋一の花蓮群。レンコンは不味いと言われているが、真相は不明
花はす公園 〈福井県南越前町〉	花はす生産日本一を誇る南越前町にある花はす公園。見ごたえが素晴らしい
蓮花寺池公園 〈静岡県藤枝市〉	蓮だけでなく、ジャンボすべり台など子供も楽しめる
森川花はす田 〈愛知県愛西市〉	隣接する道の駅では、レンコンソフトクリームなど販売
水生植物公園みずの森 〈滋賀県草津市〉	隣の琵琶湖にはかつて花蓮の群生地があったが、2016年に消滅
近江妙蓮公園 〈滋賀県守山市〉	天然記念物に指定されている近江妙蓮の蓮公園

東寺〈京都府京都市〉	五重塔を背景に蓮が咲いている。京都市内および近郊では法金剛院、天龍寺、大覚寺、東本願寺、常寂光寺、勧修寺、三室戸寺、萬福寺も有名
生蓮寺〈奈良県五條市〉	日本ではここだけにしかないお彼岸にも咲く彼岸蓮がある。この本の筆者のお寺。大きなお地蔵様が居られる本堂前では、蓮の研究が日々行われている
ロータスロード（喜光寺、唐招提寺、薬師寺）〈奈良県奈良市〉	蓮と御朱印巡りを楽しむ旅が出来る
万博記念公園〈大阪府吹田市〉	無料で象鼻杯とハス酒の試飲会が行われる
舞妃蓮の郷〈和歌山県御坊市〉	御坊市生まれの蓮「舞妃蓮」が鑑賞出来る
植物公園緑化センター〈和歌山県岩出市〉	三千平米の広さの蓮池
善祥寺〈兵庫県三木市〉	四百種類の蓮が咲き誇る
燕趙園〈鳥取県東伯郡〉	本格中国庭園に咲く蓮は格別
荒神谷遺跡〈島根県出雲市〉	弥生時代の銅剣、銅鐸、銅矛が出土した遺跡で蓮を楽しめる
岡山後楽園〈岡山県岡山市〉	日本三名園に咲く蓮
棲真寺〈広島県三原市〉	小早川家ゆかりの古刹棲眞寺に咲く蓮
源久寺〈山口県山口市〉	平子重経の墓と伝えられる宝篋印塔の周囲に広がる蓮
徳島レンコン生産地〈徳島県鳴門市〉	JR高徳線池谷駅南部は一面のレンコン生産地
栗林公園〈香川県高松市〉	ミシュラン観光ガイド3つ星に選定された庭園に咲く蓮
浄瑠璃寺〈愛媛県松山市〉	四国八十八ヶ所霊場第46番札所に咲く蓮
舞鶴公園〈福岡県福岡市〉	都心のオフィス街に、無数の蓮が咲き乱れる
佐賀城公園〈佐賀県佐賀市〉	ドンコ船に乗って佐賀城のお堀に咲く蓮を堪能出来る
唐比ハス園〈長崎県諫早市〉	広大な湿地には、13種類の蓮が咲き乱れ、圧巻
臼杵石仏の蓮〈大分県臼杵市〉	国宝臼杵石仏を見上げる蓮池
湖水ヶ池〈宮崎県児湯郡〉	湖水ヶ池で採れるレンコンは「水神様のレンコン」として人気
鶴丸城跡〈鹿児島県鹿児島市〉	石垣と蓮の対比が美しい
東南植物楽園〈沖縄県沖縄市〉	園内のレストランPEACEから蓮が一望出来る

子どもと一緒に遊ぼう

蓮でシャボン玉

　蓮の葉の茎の断面を観察してみましょう。レンコンと同じように大きな穴が開いています。これは泥に埋まっているレンコンに新鮮な空気を送るための通気口です。この通気口を使って、シャボン玉を作れます。

　また、蓮の茎を折ると白い繊維を観察することが出来ます。白い繊維を藕糸（ぐうし）と呼び、この繊維から織物を織ることが出来ます。

　蓮の葉の茎（植物学的には葉柄と呼ぶ）には鋭い棘（とげ）があるので、茎を用いて遊ぶ時は、その棘を削いでやることで、安心して遊ぶことが出来ます。

レンコンに空気を送るために茎にも穴が開いている。白い繊維を藕糸（ぐうし）と呼び、この繊維から織物を織ることが出来る。

茎の通気口を使ってシャボン玉

象鼻杯（ぞうびはい）でジュースを飲もう

　「蓮でシャボン玉」の項でもお話ししたように、蓮の茎には通気用の大きな穴が通っています。この通気口は蓮の葉まで続いており、蓮の葉の中心部に穴を開けると繋がります。蓮の葉にジュースやお茶、お酒を注いで、蓮の茎を通して飲みます。その姿が象の鼻に見えることから象鼻杯と名付けられています。この通気口を利用して水の中に潜れば水遁の術になります。

蓮シャワー

　茎の通気口はそのまま葉の葉脈にまで続いています。強引に水圧を掛けると、水が通気口を通って葉脈にまで伝わり、最後には蓮シャワーになります。暑い夏にもってこいの遊びです。

　蓮シャワーには、なるべく大きな葉を用いて、葉の周囲をぐるっとハサミでカットしてあげると、比較的簡単に蓮シャワーが出来ます。

子どもと一緒に遊ぼう

手を使って綺麗になる

蓮の生け方 （萎れない方法）

蓮は華道家泣かせです。大変水揚げが悪く、すぐに萎れてしまいます。萎れるのを防ぐ方法として、水揚げポンプを用いて無理矢理に水を注入する方法があります。

果托の手芸

花が終わった後の果托を用いて、ちりめん細工を楽しむことが出来ます。まずは果托から種を丁寧に取り出します。その後、好みのちりめんを切り出し、てるてる坊主の頭だけを作るように綿を入れます。後は種を取り除いた穴に押し込めば完成です。

蓮の折り紙　青い蓮も自由自在

夏まで待てない方に朗報！
折り紙で蓮の花を折ることが出来ます。
蓮がない時期でも折り紙で蓮の花を楽しめます。しかも自然界では見つかっていない、青い蓮も作ることが可能です。詳しい折り方はインターネットで検索しましょう。

小暮照子氏作

本物の蓮の花を使って折花

蓮は仏教のシンボルフラワーであることから、仏教国タイではお寺に蓮の花をお供えすることが一般的です。蓮の花はもともと日持ちが悪く、さらに熱帯で暑いタイでは、開花してしまった蓮の花はすぐにダメになってしまいます。そこで開花前の蕾の段階でお供えすることで、日持ちの悪さを避けています。しかも蕾の蓮を折ることで、あたかも咲いているかのように見せて、お寺にお供えしています。折り方は何と20種類以上もあり、折り方の本まで販売されています。詳しい折り方はインターネットで検索してみましょう。

川原和彦氏作
果托を用いたちりめん細工

蕾の蓮を折ることで咲いているように見える。

手を使って綺麗になる

仏教叡智に学んで綺麗になる

維摩経

仏教経典の一つ、「維摩経(ゆいまきょう)」には、「高原の陸地には蓮華を生ぜず、卑湿の汚泥に花を生ずる」とあります。蓮華（蓮の花）は、じめじめとした低湿地の泥の中で育ちます。泥を離れては蓮の花は咲くことは出来ません。涼やかな高原の陸地では蓮の花は咲かず、泥があって初めて美しい花を咲かせてくれます。

泥のような迷いや苦しみが多く、矛盾に満ち溢れた私たちの生活の中にこそ、仏教の深い教えに触れ、仏教の真理に目覚めていく道があるのだと説かれています。自分自身の煩悩(ぼんのう)を見つめる目が深ければ深いほど、他者の苦しみに共感する心を持つことが出来ます。つまり、自分の悟りを求め、他者の救いを願う心が生じてくるのです。迷いの中においてこそ仏道への目覚めが実現されていくと「維摩経」に説かれています。

今のあなたの状況が、たとえ泥の中のように辛い状態でも、必ず将来はあなた自身の綺麗な花を咲かすことが出来ます。「迷いなき者に悟りなし」仏教の教えです。

蓮の瞑想（阿字観）

真言宗の瞑想方法に阿字観(あじかん)があります。真言宗は平安初期に弘法大師空海により開かれ、世界遺産にも登録されている高野山が修行の場となっています。瞑想により「自己と世界が一つである」ことを実感するのが目的です。禅宗では壁に向かうなどして瞑想をしますが、真言宗の阿字観では、本尊（満月の中に蓮が浮かび、その上に梵字のア）を前にして行います。

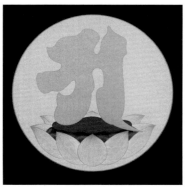

高野山真言宗　総本山 金剛峯寺蔵

瞑想で内側から綺麗になる

1 本尊を前に結跏趺坐や半跏坐で座ります。出来ない方は胡坐や、椅子に座っても構いません。手は法界定印を結びます。

2 本尊を見ながら、ゆっくりと鼻で息をします。

3 目を閉じて本尊をイメージします。様々な思いが浮かんできます。それを消そうとするのではなく、息と共に吐き出します。

4 本尊をしっかりイメージ出来るようになったら、本尊のイメージを自分の胸の中に引き入れて、自身の清浄と光明を全身でしばらく観じます。

5 元の本尊にイメージをゆっくりと返し、ゆっくりと眼を開けます。

阿字観は宇宙や自然と一体化する瞑想法であり、まさに蓮と一体化出来る瞑想法です。阿字観を通じて、心を落ち着かせ、日々のストレスを解消して、内側から綺麗になって頂きたいです。

半跏坐・法界定印

阿字観の体験は、和歌山県の高野山真言宗総本山金剛峯寺や東京都港区にある高野山東京別院などで体験が出来ます。初めての方は、なるべく各地の道場で一度手ほどきを受けられてから、ご自宅で阿字観をされるのが良いでしょう。

あとがき

　この夏は、蓮にどっぷりはまりました。この本のために、なるべく美しい写真を撮ろうと、試行錯誤する毎日でした。カメラ教室にも通い、何冊も花の撮り方の本を読みました。結果、1万8千枚以上の写真を撮り、この中から選りすぐりの写真を掲載しています。あなたのお気に入りの品種が見つかれば幸いです。ぜひ、お気に入りの品種を育てて頂きたいと思います。写真では味わえない、香りや雰囲気に直接触れてほしいです。

　今、お彼岸が終わろうとしています。多くの蓮の品種が冬に向かって、葉が茶色へと変化しています。その中で、遅咲きの蓮が涼しい秋空の下で、風にそよがれています。もうしばらくすると遅咲きの蓮も、冬眠を迎えます。

　この本が出版される頃は完全に蓮が枯れています。そしてまた春になれば、新たな芽が芽吹いてきます。生命の再生です。この本であなたの心を再生して頂きたいです。

　この本を執筆するにあたりお世話になった方々のお名前を記します。

お世話になった方々（敬称略　アイウエオ順）

池上正治、池田義美、植村則大、金子明雄、川原和彦、北筋広治、木暮照子、阪本尚生、杉山元章、武田征士、田中敏明、千島秀元、冨永整、中川善次、西村啓子、橋本聖圓、畠山久幸、畠山利次、堀重宏、南定雄、山本和喜

　また、編集部の坪倉宏行様、生命感溢れるデザインをして頂いた古都デザインの山本剛史様、そして水遣りなどの日々のお世話をしている両親に感謝をします。最後に妻・紀子と息子の公寛（1歳5ヶ月）が蓮と共に元気に暮らしていけるよう祈願して、この本を生蓮寺本尊様であるお地蔵様にお供えします。

参考文献

● 蓮の品種
　『世界の花蓮図鑑』　三浦功大・池上正治 著
　『花はす公園』　落井一枝・金子明雄 著
　『LOTUS FLOWER　*Cultivars in China*』　Wang Qichao・Zhang Xingyan 著
　『中国荷花新品種図誌Ⅰ』　張行言 著
　『魅惑の花蓮』　渡辺達三 著
　『Waterlilies and Lotuses』　Perry D. Slocum 著
　『花蓮百彩』　日本花蓮協会 著
　『美薗花蓮園』　冨永整 著
　『花蓮品種一覧 2012』　京都花蓮研究会 著
　『SSR マーカーに基づく巨椋池品種群を含む日本国内花蓮品種分類
　　育種学研究 Vol.17　No.2』（p45-54）　久保中央 他 著

● 蓮の生態
　『食用蓮に関する研究　佐賀県農業試験場　研究報告 4 号』　南川勝次 著

● 蓮の受精
　『食用ハスの開花、受精および種子形成』　霞正一・佐久間文雄 著

● 蓮のゲノム解析
　『Genome of the long-living sacred lotus（*Nelumbo nucifera* Gaertn.）』　Ray Ming *et al.*

● 蓮の育て方
　『スイレンとハスの育て方・楽しみ方』　岩見悦明 著
　『睡蓮と蓮の世界』　赤沼敏春・宮川浩一 著
　『ハスの鉢栽培』　嘉住熊二 著

● pH と EC
　『CONTAINER PRODUCTION AND POST-HARVEST HANDLING OF LOTUS
　（*NELUBO*）AND MICROPROPAGATION OF HERBACEOUS PEONY（*PAEONIA*）』
　Daike Tian　著
　『Development and evaluation of a system for the study of mineral nutrition of sacred lotus
　（*Nelumbo nucifera*）』
　David. J. Hicks　著

● フザリウム菌対策
　『新特産シリーズ　レンコン　栽培から加工・販売まで』　沢田英司 著

● レンコンパウダー
　『粘膜力でぜんぶよくなる』　和合治久 著

● 東大寺蓮弁
　『NANTO BUKKYO　No.99』（ p88-p116）　外村中 著

● 仏教の叡智
　『維摩経』

品種一覧表

品種	蕾と花始まり	5月中旬	5月下旬	6月初旬	6月中旬	6月下旬	7月初旬	7月中旬	7月下旬
厦門碗蓮〈あもいわんれん〉	6/11								
一天四海〈いってんしかい〉	6/4								
エンジェルウィングス	6/4								
遠州浜〈えんしゅうはま〉	6/21								
艶陽天〈えんようてん〉	5/29								
火炬〈かきょ〉	6/4								
祇園〈ぎおん〉	5/23								
喜上眉梢〈きじょうびしょう〉	5/30								
紅顔滴翠〈こうがんてきすい〉	6/4								
紅領巾〈こうりょうきん〉	6/11								
悟空〈ごくう〉	6/12								
紫重陽〈しじゅうよう、しちょうよう〉	6/4								
祝福〈しゅくふく〉	6/4								
春水緑波〈しゅんすいりょくは〉	6/12								
小金鳳蓮〈しょうきんぽうれん、こきんぽうれん〉	5/22								
紹興紅蓮〈しょうこうこうれん〉	5/25								
小三色蓮〈しょうさんしきれん〉	5/22								
小舞妃〈しょうまいひ〉	6/4								
生蓮寺華蓮〈しょうれんじかれん〉	6/11								
生蓮寺白彼岸〈しょうれんじしろひがん〉	7/5								
生蓮寺蓮〈しょうれんじれん〉	6/21								
蜀紅蓮〈しょっこうれん〉	6/19								
白雪姫〈しらゆきひめ〉	5/19								
大灑錦〈たいさいきん〉	6/14								
白磁〈はくじ〉	6/11								
春不老〈はるふろう〉	5/25								
ひまわり	6/11								
白光蓮〈びゃっこうれん〉	6/12								
紅小町〈べにこまち〉	5/19								
ペリーズ・ジャイアント・サンバースト	6/4								
毎葉蓮〈まいようれん〉	6/4								
誠蓮〈まことばす〉	6/4								
マムカラ	6/19								
ミセス・スローカム	5/30								
桃姫〈ももひめ〉	6/12								
八重茶碗蓮〈やえちゃわんれん〉	6/4								
友誼牡丹蓮〈ゆうぎぼたんばす〉	6/11								
羊城碗蓮〈ようじょうわんれん〉	5/25								
緑風〈りょくふう〉	6/16								
麗華〈れいか〉	6/21								

いずれも直径43cm 35ℓ容器で育てた時

■ は、蕾と花がその時期に見れる確率が高い。

▨ は、蕾と花が見える確率がわずかにある。

食用レンコン 〇 × は、一節が直径28mm以上、長さ70mm以上のレンコンが採れるかどうかを表している。

食用種 〇 × は、1シーズンに10個以上の種が採れるかどうかを表している。

8月初旬	8月中旬	8月下旬	9月初旬	9月中旬	9月下旬	10月初旬	10月中旬	10月下旬	蕾と花終わり	分類※	花色	レンコン直径28mm以上	種10個以上	掲載ページ
									9/26	小型一重	白色	×	○	66
									8/14	大型一重	斑	○	×	58
									9/5	中型一重	白色	○	○	56
									9/4	中型一重	黄白色	○	○	92
									9/12	中型一重	紅色	○	×	34
									9/16	小型八重	紅色	○	○	50
									9/24	小型八重	淡桃色	×	○	26
									9/8	小型一重	白色	×	○	38
									9/5	小型八重	紅色	×	×	44
									8/22	中型一重	紅色	×	×	70
									8/28	小型一重	紅色	×	○	80
									9/12	中型八重	紅色	×	×	46
									9/17	小型八重	紅色	×	○	54
									9/10	小型一重	白色	×	○	74
									9/6	中型一重	黄白色	×	×	24
									9/4	大型一重	桃色	×	○	32
									9/6	小型一重	黄紅色	×	×	22
									9/13	中型一重	黄紅色	×	○	40
									10/8	中型一重	桃色	×	○	68
									10/26	中型一重	白色	×	○	96
									10/16	中型一重	紅色	×	○	90
									8/16	中型一重	紅色	○	○	88
									9/18	小型一重	白色	×	○	20
									9/12	中型八重	斑	○	×	82
									9/12	小型一重	白色	×	○	64
									8/30	中型八重	紅色	○	○	30
									9/12	小型八重	淡桃色	×	×	62
									9/6	中型一重	白色	○	○	76
									8/4	小型一重	紅色	×	×	18
									9/6	大型一重	黄白色	○	○	60
									9/5	中型一重	紅色	○	○	42
									8/1	中型八重	紅色	○	○	52
									10/26	中型一重	紅色	×	○	86
									7/28	大型八重	黄紅色	○	○	36
									10/11	中型一重	桃色	×	○	78
									9/14	小型一重	紅色	○	×	48
									8/10	中型八重	黄白色	○	×	72
									9/9	中型八重	紅色	○	○	28
									10/12	小型八重	白色	○	○	84
									8/26	大型八重	紅色	×	○	94

※花径が小型…15cm未満　中型…15～24cm　大型…25cm以上
　花びら数が一重…25枚未満　半八重…25～49枚　八重…50枚以上

御朱印帳

　蓮が咲いている寺社を参拝した証として、御朱印を書いて頂きましょう。御朱印とは寺院や神社を参拝した証として頂けるものです。手書きで墨書きされていることが多いです。寺社の本尊様に参拝し、蓮を愛でた後に、御朱印を頂きます。

　手書きなので、時期や時間帯を考えて御朱印を頂くようにしましょう。お盆の忙しい時や、行事がある時は避けるようにします。各寺社によりますが、お昼の時間（12時〜13時）を除いた朝9時から夕方4時半に御朱印を頂くようにします。書き手が居られない場合は、事前に半紙に書かれた御朱印を頂ける場合もあります。この場合は後で糊付けします。御朱印を頂く際には300円〜500円を納めるのが相場となっています。なお御朱印を行っていない寺社もあります。

　御朱印はスタンプラリーとは違うので、公園のスタンプを押したいときは、御朱印用の本とスタンプ用の本とに分けましょう。

御朱印帳

御朱印帳

書込み式オリジナル図鑑

名前

蓮の特徴　● あなたが感じたこと

　　種から育てると、その蓮はすべて新品種になります。あなただけの蓮です。名前を付け
てあげましょう。この無地のページに、あなたの蓮の写真を張り付けて、あなただけの蓮
図鑑に仕上げます。
　　蓮の特徴、花の色や一重（花びらが25枚未満）、半八重（25枚〜49枚）、八重（50枚以上）
を書き込みます。その時あなたが感じたことや最近の出来事も書き込みましょう！　あな
ただけのオリジナル蓮図鑑に仕上がります。
　　蓮を育てることが出来ない読者の方は、ご自分で撮影された蓮公園の蓮の写真を張り付
けて、その時に感じたことを書き込みましょう！
　　スペースが足らなくなりましたら、インターネットで〈みんなの蓮〉と検索ください。
蓮の投稿ページです。どしどし蓮の写真を投稿しましょう。

名前

蓮の特徴　● あなたが感じたこと

書込み式オリジナル図鑑

157

名前

蓮の特徴　● あなたが感じたこと

名前

蓮の特徴　● あなたが感じたこと

書込み式オリジナル図鑑

159

高畑公紀 たかはた・きみのり

1977年、奈良県五條市生まれ。生蓮寺副住職。筑波大学第二学群生物学類卒業（遺伝子実験センターで研究）。京都大学大学院生命科学研究科卒業（生命科学博士）。大学、大学院時代は植物版iPS細胞の研究を行っていたが挫折。その後、研究の楽しさが忘れられず、蓮の研究を生蓮寺で行っている。将来はお寺を中心に蓮で町おこしが夢。高野山本山布教師として高野山真言宗総本山金剛峯寺での法話や瞑想を指導するほか、布教研究所教化研究員、本山将来構想委員会・広報体制強化委員も務めた。蓮の瞑想と蓮茶の飲み比べセミナーや京都花蓮研究会（理事）、蓮文化研究会で講演。全日本新武道連盟 空手道 桜塾 初段位。

写　真：竹前　朗　2、3、15～17、129、144、145、148、158
イラスト：木村明美　104、107、129、147

見る、育てる、味わう
五感で楽しむ蓮図鑑

平成30年1月28日　初版発行

著　者　高畑公紀
発行者　納屋嘉人
発行所　株式会社　淡交社
　本社　〒603-8588　京都市北区堀川通鞍馬口上ル
　　　　営業 075-432-5151　編集 075-432-5161
　支社　〒162-0061　東京都新宿区市谷柳町39-1
　　　　営業 03-5269-7941　編集 03-5269-1691
　　　　www.tankosha.co.jp

印刷・製本　図書印刷株式会社
ⓒ 2018　高畑公紀　Printed in Japan
ISBN978-4-473-04226-2

定価はカバーに表示してあります。
落丁・乱丁本がございましたら、小社「出版営業部」宛にお送りください。
送料小社負担にてお取り替えいたします。
本書のスキャン、デジタル化等の無断複写は、著作権法上での例外を除き禁じられています。また、本書を代行業者等の第三者に依頼してスキャンやデジタル化することは、いかなる場合も著作権法違反となります。